黄河流域
水土保持概论

黄河上中游管理局　编著

黄河水利出版社
·郑州·

图书在版编目(CIP)数据

黄河流域水土保持概论 / 黄河上中游管理局编著.
郑州：黄河水利出版社，2011.10
ISBN 978-7-5509-0086-8

Ⅰ.①黄…　Ⅱ.①黄…　Ⅲ.①黄河流域–水土保持–
概论　Ⅳ.①S157

中国版本图书馆CIP数据核字（2011）第140723号

出　版　社:黄河水利出版社
　　　　地址:河南省郑州市顺河路黄委会综合楼14层　　邮政编码：450003
发行单位:黄河水利出版社
　　　　发行部电话:0371-66026940、66020550、66028024、66022620(传真)
　　　　E-mail:hhslcbs@126.com
承印单位:河南省瑞光印务股份有限公司
开本:787 mm×1 092 mm　1/16
印张:14.5
字数:228千字　　　　　　　　　　　　印数:1—1 000
版次:2011年10月第1版　　　　　　　　印次:2011年10月第1次印刷

定价:55.00元

《黄河流域水土保持概论》编写人员

主　　编：周月鲁　　王　健

副 主 编：何兴照　　赵光耀　　田杏芳

编写人员：周月鲁　　王　健　　何兴照　　赵光耀

　　　　　田杏芳　　贾泽祥　　王答相　　李运学

　　　　　穆胜国　　宋　静　　王俊峰　　喻权刚

　　　　　王喻杰　　王　略　　段柏林　　许林军

　　　　　马红斌

前　言

　　黄河是我国第二大河流，发源于青海省巴颜喀拉山北麓的约古宗列盆地，蜿蜒东流，穿越黄土高原及黄淮海大平原，注入渤海。干流全长5 464 km，流域总面积79.47万 km²（含内流区4.2万 km²，以下所指黄河流域若非特别注明，均包括内流区），流域西部地区属青藏高原，海拔在3 000 m以上；中部地区绝大部分属黄土高原，海拔1 000~2 000 m；东部属黄淮海平原。

　　黄河流域黄土高原地区是我国乃至世界上水土流失面积最广、侵蚀强度最大的地区，其水土流失面积达45.4万 km²，占总土地面积（64万 km²）的70.9%；尤其是黄河河口镇至龙门河段，绝大部分支流流经水土流失严重的黄土丘陵沟壑区，是黄河泥沙特别是粗泥沙的主要来源区，黄河上中游地区多年平均向黄河输入泥沙16亿t，其中约有4亿t沉积在下游河床内。严重的水土流失，不仅使当地脆弱的生态环境持续恶化，阻碍当地社会和经济的发展，而且大量泥沙进入黄河，淤高下游河床，也是黄河下游水患严重而又难以治理的症结所在。

　　搞好水土保持，改善黄土高原生态环境，既是促进当地群众脱贫致富、振兴发展区域经济的必由之路，也是减少入黄泥沙、根治黄河水害和开发利用黄河水资源的战略措施。为加快黄土高原的水土流失治理，20世纪50年代初，我国政府将黄河流域水土保持工作列为全国水土保持工作的重点，多次组织对黄土高原重点水土流失区考察，并建立了一系列工作和研究机构，制定规划，发动群众，大规模开展水土流失治理。经历了半个多世纪的艰难探索和曲折发展，已经取得了举世瞩目的成就。在许多治理较好的地区和中、小流域，有效地控制了水土流失，显著地改变了贫困山区的面貌，减少了河流泥沙，保证了黄河的安澜，为促进国民经济持续发展发挥了积极作用。同时也为水土保持工作的进一步开展积累了经验、培养了人才，发展了水土保持学科。

为适应黄河流域水土保持工作的快速发展，我们组织编著了《黄河流域水土保持概论》一书，在紧密结合理论知识与实践经验的基础上，系统地总结黄河流域水土保持技术成果和治理经验，力求全面反映黄河流域水土流失基本形态、泥沙及其运行规律、水土保持发展历程、水土保持防治技术、科学研究成果、水土保持监理与监测、水土保持重点项目建设以及水土保持法律法规与技术规范等内容，力图做到图文并茂，通俗易懂，以期为从事水土保持、农业、林业、水利等工作的技术人员及管理人员提供参考，对关心水土保持工作的广大读者有所启迪与帮助。

本书由周月鲁、王健任主编，何兴照、赵光耀、田杏芳任副主编，贾泽祥、王答相、李运学、穆胜国、宋静、王俊峰、喻权刚、王喻杰、王略、段柏林、许林军、马红斌等参加编写，孙太旻、刘则荣、高景晖等人提供图片（根据需要，后来又引用了殷鹤仙、黄宝林等人的少量图片）。在本书编写过程中，引用了大量科研成果、论文、专著和专业技术报告的数据资料，因篇幅所限未能一一在参考文献中列出，谨向文献的作者致以深切的谢意。

限于我们的知识水平，在反映黄河流域水土保持工作广度和深度方面，难免有所偏颇和局限，甚至错漏，敬请读者指正。

编者

2010年8月

目　录

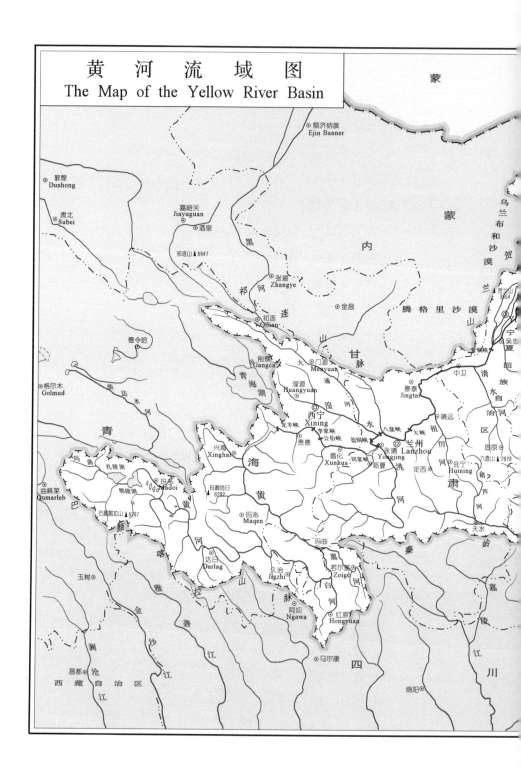

黄 河 流 域 图
The Map of the Yellow River Basin

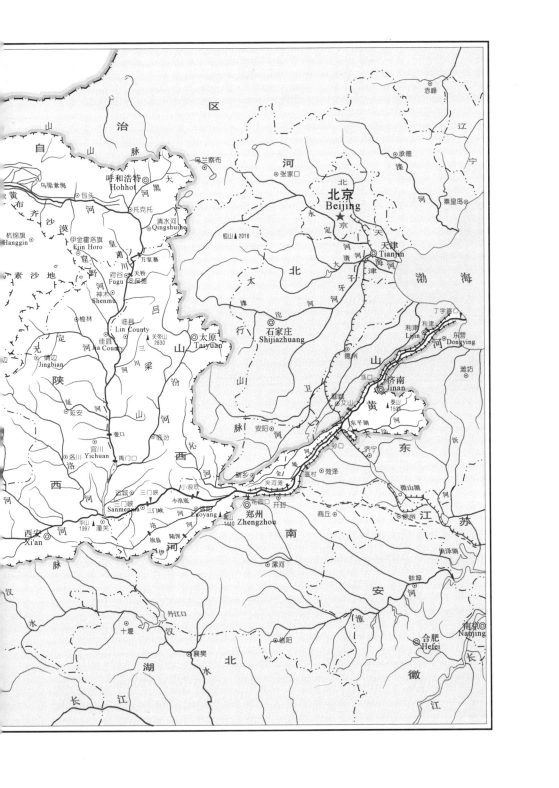

第1章 流域环境概况

黄河流域范围西起巴颜喀拉山，北抵阴山，南达秦岭，东临渤海，以巴颜喀拉山、祁连山、贺兰山、阴山、恒山、太行山、秦岭、泰山等山脉构成流域分水岭。地理位置位于东经96°～119°、北纬32°～42°，南北宽约1 100 km，东西长约1 900 km，流经青海、四川、甘肃、宁夏、内蒙古、山西、陕西、河南、山东等9省（区），在山东省垦利县注入渤海，干流全长5 464 km，水面落差4 480 m。总面积79.47万 km²。

青海省玛多县多石峡以上地区为河源区，面积为2.28万 km²，是青海高原的一部分，属湖盆宽谷带，海拔在4 200 m以上。

河源至内蒙古自治区托克托县的河口镇为上游，河道长3 471.6 km，流域面积42.8万 km²，占全河流域面积的53.8%。河口镇至河南郑州市的桃花峪为中游，河段长1 206.4 km，流域面积34.4万 km²，占全河流域面积的43.3%，落差

890 m。桃花峪至入海口为下游，流域面积2.3万 km²，仅占全流域面积的3%，河道长785.6 km，落差94 m，比降上陡下缓。下游河道横贯华北平原，绝大部分河段靠堤防约束。河道总面积4 240 km²。由于大量泥沙淤积，河道逐年抬

黄河源头区湿地

高，目前河床高出背河地面3～5 m，部分河段高出10 m，是世界上著名的"地上悬河"，成为淮河、海河水系的分水岭。

1.1 自然环境

1.1.1 地形地貌

黄河流域的地势西高东低，高差悬殊，自西向东大致呈逐级下降的三级阶梯。最高一级阶梯为黄河河源区至龙羊峡段所在的青海高原，位于著名的"世界屋脊"——青藏高原东北部，面积13.1万 km²，平均海拔在4 000 m以上，是典型的青藏高原高寒草地地貌类型，分布着一系列北西—南东向的山脉，如北部的祁连山，南部的阿尼玛卿山和巴颜喀拉山。第二级阶梯以太行山为东界，与海河流域相接，地势较平缓，地形破碎。由内蒙古高原和黄土高原地区及汾渭盆地组成，海拔1 000～2 000 m。白于山以北属内蒙古高原的一部分，白于山以南为黄土高原，南部有崤山、熊耳山等山地。黄土塬、梁、峁、沟是黄土高原的地貌主体，宏观地貌类型有丘陵、高塬、阶地、平原、沙漠、干旱草原、高地草原、土石山地等，其中山区、丘陵区、高塬区占2/3以上。第三级阶梯为太行山山脉以东直至渤海，地势低平，主要由海拔在100 m以下的下游冲积平原、海拔10 m以下的河口三角洲和海拔400～1 000 m的鲁中丘陵组成。流域地形地貌特征见表1-1。

表1-1 黄河流域地形地貌特征

区域/类型区			地貌特征	地面坡度组成（%）			
				<5°	5°~15°	15°~25°	>25°
第一级阶梯	龙羊峡以上区域		高地草原	41	19	22	18
第二级阶梯	龙羊峡至桃花峪区域	黄土丘陵沟壑区 1~2副区	梁峁状丘陵为主	7	16	19	58
		3~5副区	梁状丘陵为主	9	25	41	25
		黄土高塬沟壑区	塬面宽平，沟壑深切	39	17	21	23
		土石山区	山高坡陡谷深，植被良好	3	4	21	72
		其他类型区	沟道发育条件差	16	21	39	24
第三级阶梯	桃花峪以下区域		黄土丘陵、土石山地	18	24	36	22

1.1.2 土壤与植被

黄河流域地域辽阔，土壤类型多样，植被类型较复杂。

龙羊峡以上地区，土壤类型依次为高山寒漠土、高山草甸土、高山草原土、山地草甸土、黑钙土、灰褐土、栗钙土和山地森林土，其中以高山草甸土为主，沼泽化草甸土也较普遍，冻土层极为发育。大多数土壤厚度薄、质地粗、保水性能差、肥力较低，易受侵蚀而造成水土流失。龙羊峡以上区域植被类型以草甸植被为主，其次是荒漠化草原植被，森林植被很少，总体上植被稀疏。

黄土高原地区，除少数石质山岭和沙区外，大部分为黄土覆盖，是世界上黄土分布最集中、覆盖厚度最深的区域，平均厚度50~100 m，洛川塬超过150 m，董志塬最大厚度超过250 m。黄土主要成分为粉沙壤土，占黄土机械组成的50%~60%，结构疏松，富含碳酸盐，孔隙度大，透水性强，遇水易崩解，抗冲抗蚀性弱。该区主要的土壤类型有褐土、黑垆土、栗钙土、棕钙土、灰钙土、灰漠土、黄绵土、风沙土等。

黄土高原地区植被分为暖温带落叶阔叶林区南落叶阔叶林带、暖温带落叶阔叶林区北落叶阔叶林带、暖温带草原区森林草原带、暖温带草原区典型草原带和暖温带荒漠区半荒漠荒漠带。各带分布范围、气候特征及植被类型情况各异。但是，由于种种因素，现存原生植被稀少，覆盖率低。天然次生林和天然草地仅占总土地面积的16.6%，主要分布在林区、土石山区和高地草原区，其他大部分为荒山秃岭。

桃花峪以下区域主要土壤类型有棕壤、褐土、潮土等。棕壤主要分布在大汶河上游地区，成土母质为酸性及中性钙质岩风化物的残坡积、洪冲积物，土层厚20~60 cm，抗蚀性差；褐土在大汶河流域上、中、下游都有分布，成土母质为钙层岩风化物及冲积洪积物，土层厚50~100 cm，有一定的抗蚀性。植被类型为落叶阔叶林，主要为黑松、华山松、油松、栓皮栎等。

1.1.3　气候与降水

黄河流域属大陆性气候，南有秦岭阻挡，水汽输送不畅；北临大沙漠，风沙活动频繁。降水量少、蒸发量大、气候干旱是其气候的总体特征。流域内多年月均气温和年均气温由南向北、由东向西呈递减趋势，而蒸发反而相应递增。降水的多年年际变化较悬殊，降水量越小的地区，年际变化越大，降水量年内分配也极不均匀，7、8、9月降水量占全年的比例很高，多年平均降水量476 mm，6~9月降水量占全年降水量的60%~70%，且多以暴雨为主。多年平均蒸发量700~1 800 mm，平均气温上游1~8 ℃，中游8~14 ℃，下游12~14 ℃。

1.1.4　河流水系

黄河属太平洋水系，干流多弯曲，素有"九曲黄河"之称。支流众多，黄河流域有220条面积大于100 km²的一级支流；有76条面积大于1 000 km²的一级支流，面积达58万 km²，占全河集流面积的77%；有11条面积大于10 000 km²的一级支流，面积达37万 km²，占全河集流面积的50%。

1.1.4.1　干流

根据河流形成发育的地理、地质条件及水文情况，黄河干流河道可分为上、中、下游和11个河段。各河段的特征见表1-2。

表1-2 黄河流域干流各河段特征

河段	起迄地点	流域面积（km²）	河长（km）	落差（m）	比降（‰）	汇入支流（条）
全河	河源至入海口	794 712	5 463.6	4 480.0	8.2	76
上游	河源至河口镇	428 235	3 471.6	3 496.0	10.1	43
	1.河源至玛多	20 930	269.7	265.0	9.8	3
	2.玛多至龙羊峡	110 490	1 417.5	1 765.0	12.5	22
	3.龙羊峡至下河沿	122 722	793.9	1 220.0	15.4	8
	4.下河沿至河口镇	174 093	990.5	246.0	2.5	10
中游	河口镇至桃花峪	343 751	1 206.4	890.4	7.4	30
	1.河口镇至禹门口	111 591	725.1	607.3	8.4	21
	2.禹门口至三门峡	190 842	240.4	96.7	4.0	5
	3.三门峡至桃花峪	41 318	240.9	186.4	7.7	4
下游	桃花峪至入海口	22 726	785.6	93.6	1.2	3
	1.桃花峪至高村	4 429	206.5	37.3	1.8	1
	2.高村至艾山	14 990	193.6	22.7	1.2	2
	3.艾山至利津	2 733	281.9	26.2	0.9	0
	4.利津至入海口	574	103.6	7.4	0.7	0

注：1. 汇入支流是指流域面积在1 000 km²以上的一级支流。

2. 落差从约古宗列盆地上口计算。

3. 流域面积包括内流区。

九曲黄河

1.1.4.2 主要支流

黄河龙羊峡以上流域面积大于1 000 km²的一级支流有24条，其中大于5 000 km²的有多曲、热曲、白河、黑河、切木曲、曲什安河等6条支流。黄土高原地区面积大于1 000 km²的直接入黄支流有48条，其中龙羊峡至河口镇18条，河口镇至龙门21条，龙门至桃花峪9条。水土流失较严重的支流主要有洮河、湟水、祖厉河、清水河、浑河、杨家川、偏关河、皇甫川、县川河、孤山川、朱家川、岚漪河、蔚汾河、窟野河、秃尾河、佳芦河、湫水河、三川河、屈产河、无定河、清涧河、昕水河、延河、汾河、北洛河、渭河、伊洛河等。大汶河是黄河流经黄淮海平原直接入黄的最大支流，流域面积8 633 km²。

1.2 自然资源

黄河流域上中游地区的水能资源、中游地区的煤炭资源、中下游地区的石油和天然气资源都十分丰富，在全国占有极其重要的地位，被誉为我国的"能源流域"。

1.2.1 水资源

黄河流域多年平均天然径流总量为580亿 m³，仅相当于全国河川径流量的2%，却承担着向全国15%的耕地、12%的人口、50多座大中城市供水的任务，同时还担负着向流域外远距离调水任务。由于黄河自然条件复杂、河情特殊，所以水资源有着不同于其他江河的显著特点。一是水资源贫乏。流域内人均水资源量527 m³，为全国人均水资源量的22%；耕地亩均水资源量294 m³，仅为全国耕地亩均水资源量的16%。再加上流域外的供水需求，人均占有水资源量更少。二是水资源地区分布不均。兰州以上地区仅占全流域面积的34%，径流量占55.6%，年径流深100~200 mm；兰州到河口镇，年径流深10~50 mm；河口镇到三门峡，年径流深20~50 mm；龙门至三门峡区间面积占25.4%，径流量只占全河的19.5%。宁夏、内蒙古河段产流很少，河道蒸发渗漏强烈；下游为地上悬河，支流汇入较少。上、中、下游径流量分别占全河的54%、43%和3%。黄河流域及下游引黄灌区具有丰富的土地资源，但水土资源分布很不协调。大部分耕地集中在干旱少雨的宁蒙沿黄地区，中游汾河、渭河河谷盆地以及河川径流较少的下游平原引黄灌区。三是水资源年内、年际变化大。流域河川径流主要集中在汛期6~9月，占60%~70%。最大年径流量是最小年的3~4倍，花园口最大年径流量为940亿 m³，最小年为274亿 m³。四是含沙量高，利用难度大。黄土高原地区径流多以洪水形式出现，含沙量高，加上复杂的地形，水资源难以利用。据观测，黄河三门峡站多年平均含沙量35 kg/m³，有的支流洪水含沙量达300 ~ 500 kg/m³，甚至高达1 000 kg/m³以上。黄河输沙量的90%以上来自中游，其中河口镇至龙门区间输沙量高达9亿 t 左右，占全河输沙量的55%。

1.2.2　土地资源

黄河流域土地资源较丰富，在全国占有重要的地位，具有很大的发展潜力。黄河流域总土地面积7 947万 hm²（含内流区），占全国土地面积的8.3%，其中大部分为山区和丘陵，分别占流域面积的40%和35%，平原区仅占17%。特别是黄土高原地区，15°~25° 的坡地占21.4%；>25° 的陡坡地占26.0%。由于地貌、气候和土壤的差异，形成了复杂多样的土地利用类型，不同地区土地利用情况差异很大。

黄河流域总耕地面积为1 311万 hm²，人均耕地0.11 hm²，约为全国人均耕地的1.5倍。大部分地区光热资源充足，农业生产发展潜力很大。流域内有林地1 433万 hm²，牧草地2 507万 hm²，林地主要分布在中下游，牧草地主要分布在上中游，林牧业发展前景广阔。全流域还有宜于开垦的荒地约2万 km²，主要分布在黑山峡至河口镇区间的沿黄台地（约2 000万亩）和黄河河口三角洲地区（约500万亩），是我国开发条件较好的后备耕地资源。

另外，黄河三角洲、中下游滩地和水库库区还有大片滩涂地可供开发。

1.2.3　光热资源

黄河流域属温带大陆性季风气候，降水较少，空气干燥，云量少，日照时间长，光热资源可利用的潜力很大。

1.2.3.1　日照与辐射量

黄河流域理论年辐射总量，从下游的1 101 kJ/cm²递减到上游的1 030 kJ/cm²。由于各地海拔、云量、大气透明度等的影响，地面上得到的实际辐射量比上述理论值小得多。流域下游海拔较低，空气湿度大，云量较多，日照时数少，地面得到的总辐射值较低；中上游海拔较高，空气干燥，云量少，日照时数多，总辐射值明显增高。如陕西省西安市日照时数2 066 h，总辐射量541 kJ /cm²；宁夏回族自治区银川市年日照3 020 h，总辐射量620 kJ /cm²。总的来看，流域各地，年日照时数2 000~3 000 h，年总辐射量502~670 kJ /cm²，较同纬度的华北平原为高，是我国辐射量高值区之一。

1.2.3.2 有效热量

黄河流域日平均气温≥10 ℃的作物生长活跃期为150~210 d，积温为2 800~4 500 ℃，从下游东南向上游西北递减。下游东南部从4月上旬到10月下旬，积温为4 000~4 500 ℃；上游西北部和山区，从4月下旬或5月上旬，到9月下旬或10月上旬，积温为2 800~3 000℃。平均纬度每隔1°生长活跃期相差10 d，≥10 ℃积温相差250 ℃；平均经度每隔1°生长活跃期相差5.5 d，≥10 ℃积温相差140 ℃。

黄河流域各地日温差较大，下游东南部一般日温差10~16 ℃，上游西北部一般日温差15~25 ℃。这种较大的日温差，有利于植物干物质形成和薯类与果品糖分积累，提高产品质量。

1.2.4 植物资源

据调查，黄河流域有木本植物260多种，草本植物530多种。其中用材树种有油松、华山松、落叶松、侧柏、杨树、柳树、榆树、刺槐等40多种；果树有苹果、梨、桃、杏、葡萄、核桃、枣、柿、板栗、石榴等20多种，药材有枸杞、甘草、麻黄、金银花、茵陈、百合等50多种。另外，还有编织原料沙柳、柠条、芦苇等数种，有作纤维原料、油脂原料、淀粉原料、香脂原料、调味原料及花卉的植物数种。

目前，黄河流域通过水土保持形成产业的主要有苹果、核桃、梨、桃、杏、大枣、花椒、枸杞、百合、玫瑰、沙柳、柠条等。沙棘是一种集经济价值与生态价值于一身的宝贵灌木资源，黄河流域是其资源分布的中心区域，在流域水土保持生态建设中发挥了巨大的作用，开发利用广泛，已经形成年产数亿元的产业。

陕西洛川苹果

1.2.5 矿产资源

黄河流域矿产资源丰富，1990年探明的矿产有114种，在全国已探明的45种主要矿产中，黄河流域有37种。具有全国性优势（储量占全国总储量的32%以上）的有稀土、石膏、玻璃用石英岩、铌、煤、铝土矿、钼、耐火黏土等8种；具有地区性优势（储量占全国总储量的16%~32%）的有石油和芒硝2种；具有相对优势（储量占全国总储量10%~16%）的有天然碱、硫铁矿、水泥用灰岩、钨、铜、岩金等6种。流域内有兴海—玛沁—迭部区，西宁—兰州区，灵武—同心—石嘴山区，内蒙古河套地区，晋陕蒙接壤地区，晋中、晋南地区，渭北区，豫西—焦作区及下游地区等9个资源集中区，可以形成各具特色和不同规模的生产基地。煤炭、石油和天然气等能源资源十分丰富，在全国占有极其重要的地位，被誉为我国的"能源流域"。已探明煤田（或井田）685处，保有储量4 492.4亿t，占全国煤炭储量的46.5%，预测煤炭资源总储量1.5万亿t左右。煤炭资源主要分布在内蒙古、山西、陕西、宁夏四省（区），具有资源雄厚、分布集中、品种齐全、煤质优良、埋藏浅、易开发等特点。在全国已探明的超过100亿t储量的26个煤田中，黄河流域有11个。已探明的石油、天然气储量为41亿t和672亿m³，分别占全国地质总储量的26.6%和9%，主要分布在胜利、中原、长庆和延长4个油田。

1.3 经济社会概况

据2007年资料统计，黄河流域人口11 497.04万人，占全国总人口的8.8%，城市化率27.4%，低于全国平均水平；国内生产总值10 746.27亿元，占全国的6.5%，经济发展水平较低，许多地区经济欠发达，群众生活较贫困。

1.3.1 行政区划、人口、劳力

黄河流域涉及9个省（区）、63个地（市）、377个县（市、区、旗），截至2007年，全流域总人口为11 497.04万人，其中农业人口8 359.20万人，农业劳动力4 505.33万个，转移劳动力839.19万个。黄河流域人口分布的特点为：下游稠密，一般在400人／km²以上；上游稀少，5~28人／km²；中游为60~230人／km²，平原和阶地区密度大，山区、风沙区密度较小。全流域人均土地0.69 hm²，人均耕地0.11 hm²，人均基本农田0.06 hm²。

1.3.2 土地利用

据2007年资料统计，黄河流域现有耕地1 310.71万hm²，占流域土地总面积的16.5%，其中坡耕地503.41万hm²，占土地总面积的6.34%；大于25°的坡耕地56.13万hm²，占土地总面积的0.7%。林地1 432.72万hm²，占土地总面积的18.0%；草地2 507.49万hm²，占土地总面积的31.5%。黄土高原不同水土流失类型区土地利用情况见表1-3。在黄土高原地区土地利用以种植业为主，荒地及裸土地较多，林地覆盖度低，存在的主要问题有：①土地经营粗放，浪费严重。主要表现在对土地的管理和投入方面，特别是农民对坡耕地的经营十分粗放，几乎是靠天吃饭、广种薄收，天然草地随意放牧。由南向北，粗放程度逐渐增加。②土地利用结构不合理。集中表现在农耕地中坡耕地比重大，林地、人工草地面积小，荒地和未利用地较多，土地利用率低，生产力低，生态环境

脆弱。③土地退化严重。黄土高原地区北部以风蚀沙化为主，水土流失、裸土化普遍；广大丘陵沟壑区、高塬沟壑区水土流失剧烈。

表1-3 黄河流域黄土高原地区主要类型区土地利用现状

类型区	特点	土地比例（%）				
		农耕地	林地	草地	荒地	其他
土石山区、林区、风沙区、干旱草原区、高地草原区	人均土地多	8.6	21.35	17.3	39	13.8
黄土丘陵沟壑区	人均土地较多	30.7	13.4	6.4	33.2	16.3
黄土高塬沟壑区	人均土地较少	40.2	12.9	9.5	21.3	16.1
平原、阶地区	人均土地少	56.2	4.9	3.1	14.6	21.1

1.3.3 农村经济结构

黄河流域很早就是我国农业经济开发的地区。上游宁蒙河套平原是干旱地区建设"绿洲农业"的成功典型；中游汾渭盆地是我国主要的农业生产基地之一。流域内的小麦、棉花、油料、烟叶等主要农产品在全国占有重要地位。主要农业基地集中在平原及河谷盆地，多为一年两熟，一般单产

内蒙古准格尔旗舍饲养羊

5 250~7 500 kg/hm²;广大山丘区的坡耕地经常遭受不同程度的干旱威胁,广种薄收、耕作粗放,农业产量低而不稳,一般单产375~750 kg/hm²。流域内林业基础薄弱,天然林主要分布在林区和土石山区,面积486.59万 hm²。流域内牧业生产也比较落后,除黄河源区和内蒙古部分地区畜牧业在农业经济结构中占有一定比重外,其他地区的畜牧业属于辅助性产业。牧业发展的主要问题是农牧争地和林牧争地,随着退耕还林(草)和舍饲或半舍饲养畜的推行,这一矛盾正在逐步好转。

1.3.4　经济社会环境

1.3.4.1　群众生活水平

由于流域大部分地区自然条件和生态环境较差,广大山丘区的坡耕地单产很低,牧业生产也比较落后,林业基础薄弱,人均占有粮食和畜产品都低于全国平均水平。2005年,人均占有粮食362 kg,基本与全国持平,但粮食平均单产为2 569 kg/hm²,仅是全国的55.3%;人均纯收入2 428元,较全国平均水平低826元;流域内的贫困县约占全国贫困县的1/4,局部地区还存在温饱问题尚未得到稳定解决、缺少"三料"(燃料、饲料、肥料)和人畜饮水困难。

1.3.4.2　经济社会新情况

1)区域经济实力显著提高

在西部大开发战略实施的5年中,中央财政投入近万亿元,其中中央财政性建设资金在西部地区累计投入4 600亿元,中央财政转移支付和专项补助资金累计安排5 000多亿元。5年来,西部地区交通、水利、能源、通信等重大基础设施建设取得了实质性进展。新开工建设重点工程60项,投资总规模约8 500亿元;新增公路通车里程9.1万km,新建铁路铺轨4 066.5 km;西电东送工程累计开工项目总装机容量3 600多万kW,输变电线路13 300多km。西部地区国民经济发展逐年加快,从2000年到2003年,GDP增长分别为8.5%、8.8%、10.0%和11.3%,与全国各地GDP年均增长率速度的相对差距明显缩小。在第五届中国西部百强县(市)中,黄河流域占17个县(市),其中水土流失重点治理区的内蒙古准格尔旗居第三位。

区域经济实力的提高，要求水土保持措施同步提高标准与质量，为经济建设的可持续发展提供生态安全保障。

2）农村经济发生重大变化

西部地区在中央一系列关于解决"三农"问题的政策引导和措施支持下，使农（牧）民由自给自足的小农经济生产方式转变成面向市场经济的生产方式，大量农民为"卖"而从事农业生产，农村产业结构发生了显著变化。1997年，西部地区农村人均占有粮食336 kg，人均纯收入1 000多元；2005年，西部地区农村人均占有粮食362 kg，人均纯收入2 400多元。对照2003年编制的《黄土高原地区水土保持淤地坝规划》数据可以发现，2003~2005年，西部地区农业在产业中的比例在下降，其余各产业的比例均有不同程度的上升，农村产业结构发生了明显变化。"三农"状况的变化，要求水土保持在措施安排上注重基本农田建设，保障粮食安全；注重经济林果的规模，提高治理的经济效益。

3）农村劳动力大量转移

随着改革开放的持续深入和区域经济的不断发展，黄河流域特别是黄土高原地区的农村劳动力大量转移。统计数据显示，黄河流域2005年有农村劳动力4 500万个，转移劳动力近900万个，转移数量超过20%。其中，青海、山西、宁夏、甘肃等省（区）转移比例超过30%。农村劳动力的大量转移，一方面减

宁夏隆德小流域综合治理

少了水土保持治理的劳动力，另一方面减轻了土地的压力，在一定程度上减轻了水土流失；同时也要求在水土保持工程实施中重视机械化施工，重视需劳动力较少的生态修复措施。

此外，黄河流域自然景观、文物古迹等旅游资源十分丰富。流域内众多的名山峻峡，雄险深邃，动人心魄，位于晋陕峡谷的壶口瀑布，奔腾咆哮，气壮山河。黄河流域是中华民族的发祥地，也是我国历史上建都最多的地区。西安、洛阳、开封古都，蓝田、丁村、半坡村等古文化遗址，长城及秦始皇兵马俑等文物古迹，革命圣地延安等都是举世瞩目的地方。大力开发和保护黄河流域得天独厚的旅游资源，对促进流域经济发展具有重要作用。

第2章　水土流失与黄河泥沙

　　黄河流域是我国土壤侵蚀最严重的地区。尤其是黄土高原地区，由于严重的水土流失以及黄河中游干支流或河道特有的泥沙输移特性，使黄河成为驰名世界的多泥沙河流。

　　水土流失是一种十分复杂的自然现象，由于不同地区的自然环境和人类活动情况的差异，其水土流失类型和程度是不同的。但是，遭受侵蚀的物质被输送外移的多少，还要受流域地貌系统特征及径流等水文因素的制约。对于泥沙来源的研究，从20世纪50年代初开始，通过大量的查勘、调查、遥感和试验观测，取得了黄河中游黄土丘陵区是最主要的水土流失区，以及危害下游河道最大的是黄河中游粗泥沙来源区、粗泥沙集中来源区等重大认识。

2.1 水土流失

水土流失也称土壤侵蚀，是指地球陆地表面的土壤及其母岩碎屑，在水力、风力、重力、冻融等外营力和人为活动作用下发生的各种形式的剥离、搬运和再堆积过程。水土流失是山区、丘陵区一种渐进性灾害，被列为人类目前所面临十大环境问题之一。黄河流域的水土流失区，在上中游为严重土壤侵蚀的黄土高原和风沙区，在下游为支流大汶河流域的泰沂山区。其水土流失形态，若以形成的外营力为依据，主要有水力侵蚀、重力侵蚀、风力侵蚀等3种。

2.1.1 水土流失形态

2.1.1.1 水力侵蚀

土壤及其母质或其他地面组成物质在降雨、径流等水体作用下，发生破坏、剥蚀、搬运和沉积的过程，称为水力侵蚀。水力侵蚀是目前世界上分布最广、危害也最为普遍的一种土壤侵蚀类型。在黄河流域，凡有暴雨径流的地方，都不同程度地产生水力侵蚀。水力侵蚀广泛分布于坡面和沟壑，是土壤侵蚀的基本形式。它与降雨量的多少、降雨强度

水力侵蚀

的大小、地面坡度的陡缓、土壤结构的好坏、地面植被疏密等因素有关。降雨多、强度大、坡度陡、土质松、植被稀，水力侵蚀就严重，反之则轻微。水力侵蚀分为面蚀、沟蚀、潜蚀3种。

1）面蚀

面蚀是降雨和地表径流比较均匀地对地表土体进行剥离和搬运的一种水力侵蚀形式。主要发生在植被较差、有一定坡度和没有防护措施的坡耕地或荒坡

上。面蚀可分为层状面蚀、鳞片状面蚀、细沟状面蚀和砂砾化面蚀四种形式。其中，层状面蚀即表层土壤比较均匀地薄层流失；鳞片状面蚀指在地表径流作用下，坡面表层产生的许多彼此大体平行排列、状如鱼鳞侵蚀斑纹；细沟状面蚀指径流避高就低，将地表冲成深度和宽度都不超过20 cm的细沟，经耕作后细沟可以平复的侵蚀；砂砾化面蚀指在风蚀区和土石山区，径流将表层土壤中的细颗粒冲走而将砂砾残积在地表，最后形成砂砾化景观的侵蚀。

面蚀

面蚀是沟蚀的基础，所蚀土壤都是肥沃的表土，对农业生产危害较大。

细沟侵蚀

2）沟蚀

在集中的地表径流侵蚀下，侵蚀细沟继续加深、加宽、加长，当沟壑发展到不能为耕作所平复时，即变成沟蚀。沟蚀的主要过程为沟头前进、沟床下切和沟壁扩张，沟蚀形成的沟壑称为侵蚀沟。根据沟蚀形态及侵蚀强度，可将沟蚀划分为浅沟侵蚀、切沟侵蚀和冲沟侵蚀等不同类型。依据形状可将沟蚀沟谷划分为V形沟、U形沟和梯形沟。

坡耕地中的细沟

（1）浅沟：在细沟面蚀的基础上，地表径流进一步集中，由小股径流汇集成较大的径流，既冲刷表土又下切底土，形成横断面为宽浅槽形的浅沟，这种侵蚀形式称为浅沟侵蚀。浅沟一般是较浅且较窄的沟道，它是沟蚀最初发生阶段的形态特征。

（2）切沟：浅沟侵蚀继续发展，冲刷力量和下切力增大，沟谷深切入母质中，有明显的沟头，并形成一定的沟头跌水，这种沟蚀为切沟侵蚀。切沟侵蚀的特点是横断面呈V字形，沟头有一定高度的跌水，长、宽、深三方面的侵蚀同时不同程度地发展。切沟侵蚀所形成的切沟是因水流的不断冲刷而造成的沟头前进、沟底下切和沟岸坍塌的结果。

切沟

2.1.1.2 重力侵蚀

重力侵蚀是一种以重力作用为主要外营力而引起的土壤侵蚀形式。重力侵蚀的表现形式主要有陷穴、泻溜、崩塌和滑坡等。

1）陷穴

陷穴是黄土地区普遍存在的一种侵蚀形式。在黄土地区或黄土状堆积物较深厚地区的堆积层中，由于地表水分下渗引起土体内可溶性物质的溶解及土体的冲淘，一部分物质被淋溶到深层，在土体内形成空洞而引起地面近似于圆柱形土体垂直向下塌落，形成陷穴的现象，称为塌陷。有的地方从坡上到坡下，从上游到下游，有若干个陷穴连续产生，穴底有暗道连通，成为串珠状洞穴；有时可形成上实下空的黄土桥，洞穴连续坍塌，可直接成为深沟，并且扩

黄土陷穴

黄土桥

展很快，容易造成严重水土流失。

2）泻溜

崖壁和陡坡的土石经风化形成的碎屑，在重力作用下沿坡面下泻的现象称为泻溜。泻溜是坡地发育的一种方式。

3）崩塌

在陡峭的斜坡上，整个山体或一部分岩体、块石、土体及岩石碎屑突然向坡下崩落、翻转和滚落的现象称为崩塌。在黄土高原地区一般常见发生在土体中的崩塌称为土崩。

泻溜

2.1.1.3 风力侵蚀

风力侵蚀是由风力破坏、搬运地表物质的侵蚀现象。风力侵蚀有3种不同的侵蚀形式：粒径0.50~2.00 mm的，只能顺风向在地面作短距离滚动和滑动；粒径0.25~0.50 mm的，可在地面上腾空跳跃前进；粒径小于0.25 mm的，则被风吹扬在高空中，随风向作远距离移动。黄土高原地区长城以北包括鄂尔多斯高原及西北部地区主要为风力侵蚀，由于地处生态环境脆弱地带，随着季节的更替在时间上表现为风蚀水蚀交替进行，在空间上表现为风蚀水蚀复合侵蚀，风长水蚀，水助风蚀，互相促进，形成侵蚀强烈地区。

风力侵蚀

2.1.2 水土流失特点

2.1.2.1 类型多样

按照外营力划分，黄河中游地区主要侵蚀类型包括水力侵蚀、重力侵蚀、风力侵蚀等。其中，水力侵蚀面积大、范围广，是该地区最主要的侵蚀类型；重力侵蚀主要分布在沟头和沟岸，由于岸坡过陡，土体本身的重力作用产生崩塌、滑塌，往往与水力侵蚀交织产生；风力侵蚀主要分布在长城沿线风沙区与干旱草原区，与之相邻的丘陵区也有不同程度的风蚀。

2.1.2.2 侵蚀强度大

据1990年国务院公布的遥感普查资料，全区侵蚀模数大于8 000 t/(km² · a)的极强度以上水蚀面积为8.51万 km²，占全国同类面积的64.1%；侵蚀模数大于15 000 t/(km² · a)的剧烈水蚀面积为3.67万 km²，占全国同类面积的8.9%，局部地区的侵蚀模数甚至超过30 000 t/(km² · a)。特别是土壤侵蚀模数大于5 000 t/(km² · a)、粗沙（粒径0.05 mm以上）模数大于1 300 t/(km² · a)的黄河中游多沙粗沙区，面积为7.86万 km²，主要分布在黄河河口至龙门区间，泾河与北洛河上游，包括陕西、山西、甘肃、内蒙古、宁夏5省(区)的44个县（旗、市），涉及窟野河、皇甫川、秃尾河、无定河、孤山川、三川河等26条支流。该区面积仅占全河总面积的11%，而多年平均输沙量和粗沙量分别占全河输沙量和粗沙量的62.8%和72.5%，分别达11.8亿t和3.19亿t，是黄河下游河道淤积粗沙的主要来源区，是造成黄河河床不断淤积抬高的主要原因。

2.1.2.3 时空分布集中

侵蚀量大于10 000 t/（km² · a）地区的产沙量约占黄河输沙量的一半，集中分布在马莲河上游、北洛河金佛坪以上流域，延河至皇甫川区间各支流和湫水河流域。侵蚀主要发生在6~9月，尤其7、8月，不仅年降水量的60%~70%集中在这一时期，而且几乎所有暴雨都发生在这一时期。据天水、绥德、西峰等水土保持科学试验径流小区观测，6~9月的侵蚀量要占全年侵蚀总量的90%以上。

2.1.2.4 沟道侵蚀十分严重

黄土高原地区沟床下切、沟岸滑塌、沟头前进、溯源侵蚀异常活跃，破坏

性极大，强烈的水土流失，
特别是沟蚀，把地面切割得
支离破碎，千沟万壑。

全区长度大于0.5 km的
沟道达27万条，仅河口至
龙门区间沟长在0.5~30 km
的沟道就有8万多条。黄土
高塬沟壑区和黄土丘陵沟
壑区大部分地区每年沟头
前进1~3 m，有的地方一次

沟蚀

暴雨沟头前进20~30 m，更有甚者达100 m以上。宁夏固原县在1957~1977年
20年间，由于沟蚀损失土地0.67万 hm²。黄土高原千沟万壑的地形地貌，使沟
壑成为泥沙的主要来源地，据有关研究成果，黄土丘陵沟壑区面积占总面积的
40%~50%，而产沙量却占50%~70%。

2.1.2.5 粗泥沙含量高

黄土高原地区，特别是黄河中游7.86万 km²的多沙粗沙区，是黄河泥沙，
尤其是粗泥沙的集中产区，且多淤于下游，危害严重。据有关研究成果，
三门峡库区及黄河下游河道每年淤积泥沙约3.7亿t，其中大于0.05 mm的粗泥沙
1.57亿t，占淤积泥沙总量的42%，其中有73%来源于多沙粗沙区，黄河河床逐
年抬高，部分河段高出地面10 m左右，成为著名的"地上悬河"，严重威胁着
两岸人民的生命财产安全。

2.1.3 流失成因及危害

2.1.3.1 流失成因

影响水土流失的因素包括自然因素和人为因素。自然因素为降雨、地形、
土壤、植被等，人为因素主要为不合理的土地和资源开发利用等。

1）自然因素

地形破碎、土质疏松、暴雨集中、植被稀少是黄河流域水土流失严重的主
要原因。

（1）地形破碎。黄河流域特别是黄土高原地区，沟壑密度大，仅河口镇至龙门区间就有沟长0.5~30 km的沟道8万多条；坡陡沟深，切割深度100~300 m；地面坡度大部分在15°以上。尤其是丘陵沟壑区，沟壑密度达3~7 km/km²，在陕北局部地段，沟壑密度高达12 km/km²。破碎的地形，是水土流失易于产生的地表形态条件。

（2）土质疏松。黄河流域的主要地表组成物质为黄土，深厚的黄土层与其明显的垂直节理性，遇水易崩解，抗冲、抗蚀性能很弱的特征，使沟道崩塌、滑塌、泻溜等重力侵蚀异常活跃。大面积严重的水土流失与黄土的深厚松软直接相关。由于黄土母质从南到北颗粒逐渐变粗，黏结度逐渐减弱，黄河流域的土壤侵蚀模数也相应逐渐加大。

（3）暴雨集中。黄河流域的降雨特点是：年降水量少（大部地区为400~500 mm）而暴雨集中，汛期降雨量占年降水量的70%~80%，其中大部分又集中在几次强度较大的暴雨。暴雨历时短、强度大、突发性强，是造成严重水土流失和高含沙洪水的主要原因。

侵蚀性降雨主要是汛期的暴雨。其中雨强对侵蚀的影响最大，雨强越大，侵蚀越严重。黄土高原地区年侵蚀量大小决定于少数几场暴雨，许多地方往往一次特大暴雨的侵蚀量可占年总侵蚀量的60%~70%。该区引起侵蚀的降雨次数平均每年为6次，仅占年雨次的6%，占汛期雨次的14%；

水土流失地貌

引起侵蚀的雨量平均每年为140 mm，占年降水量的26.4 %，占汛期降雨量的38.6 %；造成黄土高原地区土壤侵蚀的降雨主要是短历时、中雨量和高强度的暴雨。

（4）植被稀少。黄河流域天然次生林和天然草地较少，主要分布在林区、土石山区和高地草原区，其他大部分是荒山秃岭，地表裸露。植被稀少也是造成水土流失严重的因素。

2）人为因素

人类为生存或经济发展所从事的各种活动，由于无视或忽视水土流失规律，而引起人为新增水土流失，并产生了"边治理、边破坏"、"一方治理、多方破坏"，甚至"破坏大于治理"的严重后果。这种人为新增水土流失的来源主要包括两个方面：一是50年来黄土高原人口剧增，因粮食及"三料"匮乏所产生的"滥垦、滥伐、滥牧、滥樵"现象；二是大规模兴建公路、铁路等基础设施，以及大型厂矿和众多的民营矿点开采所造成的巨量弃土弃渣。例如龙羊峡以上的河源区，由于超载放牧、垦草种粮、不合理地开发资源等现象，导致草场严重退化，葱绿丰美的草场变成了沙坡、沙滩，土地荒漠化年均增加

陡坡开荒

修路弃渣堆积在黄河河道一侧

速度则由20世纪70~80年代的3.9 %剧增至80~90年代的11.8 %~20 %，并呈逐年加快趋势。晋陕蒙和晋陕豫接壤地区煤炭与有色金属的开采过程中，由于没有处理好经济建设与环境保护的关系，使本来就十分脆弱的生态环境更加恶化。

据黄河上中游管理局等单位20世纪90年代调查统计，晋陕蒙接壤地区有煤矿1 300多个，其他厂矿900多个，人为破坏植被1.77万hm²，弃土弃渣3.3亿t，每年向黄河输送泥沙3 000万t。

2.1.3.2 流失危害

1）恶化了生态环境，对国家生态安全造成严重影响

水土流失使黄河流域地表更加破碎，原有植被破坏、植物退化、生态功能急剧衰退；土地沙化，加重了风蚀、水蚀、重力侵蚀的相互交融，形成了恶性循环，加剧了干旱、风沙等自然灾害的发生发展。据统计，新中国成立以来黄土高原地区平均每年受旱面积66.67万hm²，最大成灾面积达233万hm²，80%的面积遭受干旱的威胁。

长城沿线一带土地沙化、风沙压埋土地问题十分严重。与风沙区紧邻的黄土丘陵沟壑区，已有上千平方千米变成沙盖区。1957~1977年，内蒙古伊克昭盟因土地沙化损失农田和牧场100多万hm²，平均每年损失4.67万hm²。宁夏回族自治区1961年有沙化土地面积18.67万hm²，到1983年增加到25.86万hm²，22年内平均每年增加0.32万hm²。陕西省榆林县在1949年前的100年内，被南移的沙漠压埋的农田达6.67万hm²。毛乌素沙漠、库布齐沙漠连年南侵，成为入黄泥沙的重要补给源。

水土流失不仅恶化了该区的生态环境，也对京津及华北地区的生态环境产生十分不利的影响。据国家气象局资料，我国北方20世纪60年代共发生了两次沙尘暴，70年代两年发生一次，80年代一年发生一次，90年代一年发生两次，而2000年就发生了13次，2001年发生了18次以上。沙尘暴的影响范围不断扩大，危害程度日趋加重。国家环保局和中国科学院联合组织的"探索沙尘暴"考察结果表明，内蒙古中部农牧交错带及草原区、蒙陕宁长城沿线旱作农业区，是形成我国北方沙尘暴的两个主要源区。

2）威胁黄河防洪安全，危及黄河健康

黄土高原地区每年输入黄河的16亿t泥沙中，约有4亿t淤积在下游河道，其中50%以上为粒径大于0.05 mm的粗泥沙，使黄河下游河道成为举世闻名的"地上悬河"，对下游两岸人民生命财产安全构成巨大威胁。据实测资料统计分析，1950~1999年下游河道共淤积泥沙92亿t，河床普遍抬高2~4 m。人民治理黄

河以来，虽曾四次全面加厚加高下游堤防，但仍然不能从根本上解决"越淤越高、越高越险"的状况，黄河防洪问题依然是中华民族的"心腹之患"。

由于河道严重淤积，造成黄河水沙关系进一步恶化，加速了"槽高于滩，滩又高于背河地面"的"二级悬河"的发展，使"横河"、"斜河"甚至"滚河"的发生几率大增，致使中常洪水情况下黄河下游的防洪形势陡然严峻。1996年8月黄河花园口站洪峰流量仅7 600 m^3/s，其水位比1958年22 300 m^3/s流量的水位还高0.91 m，淹没下游滩地22.9万hm^2，使107万人严重受灾。2003年9月，黄河下游流量仅2 400 m^3/s，河南兰考段发生"斜河"，致使山东东明段大堤和蔡集控导工程出现重大险情。20世纪60年代，下游平滩流量为6 000~7 000 m^3/s，2002年部分河段平滩流量已不足2 000 m^3/s。一旦出现超过平滩流量的洪水，将直接威胁下游滩区近200万人的生命财产安全。

黄河流域水资源相对匮乏，而严重的水土流失使黄河干、支流水库淤积加快，部分水库不得不采取蓄清排浑的方式运行，效益不能充分发挥，缩短了使用年限，浪费了宝贵的水资源。据调查，黄土高原地区1950~1998年各类水库泥沙淤积量达143.2亿t，其中干流水库的淤积量占56.7%。为了减轻黄河下游河床淤积，平均每年需用150亿m^3左右的水量冲沙入海，使本已紧缺的黄河水资源更趋紧张，危及黄河健康生命。

3) 土壤退化，破坏农业生产的土地基础

长期严重的水土流失，造成土壤肥力下降，耕地面积减少，人地矛盾突出，干旱、洪涝等灾害频繁发生，粮食产量低而不稳，农业生产和农村经济发展受到严重制约甚至衰退，群众生活贫困。

据各地水土保持试验站观测，黄土高原坡耕地每年因水力侵蚀损失土层厚度0.2~1.0 cm，严重的可达2~3 cm。黄土丘陵沟壑区90%的耕地是坡耕地，每年每亩土地流失水量20~30 m^3，流失土壤5~10 t。在流失的每吨土壤中，平均含全氮1.2 kg、全磷1.5 kg、全钾20 kg，土壤肥力大幅下降。黄土丘陵沟壑区和高塬沟壑区的大部分沟头每年前进1~3 m，有的一次暴雨就使沟头前进20~30 m。宁夏固原县在1957~1977年的20年间，由于侵蚀损失土地7万hm^2左右；甘肃董志塬在近1 000年间，由于侵蚀，塬面面积减少了5.8万hm^2，接近董志塬面积的一半。各种侵蚀沟不断蚕食和分割土地，加剧了人地矛盾。当地农民为了生存，不得不大量开垦坡地，广种薄收，形成了"越穷越垦、越垦越穷"的恶性循环，加剧了贫困。

4）制约区域经济社会发展，影响和谐社会构建

黄河流域生态环境整治的严峻形势和压力主要表现在：人口—资源—环境的矛盾仍很突出，不合理的土地资源开发依然存在，水土流失造成土壤和土地质量退化，土地生产力低下；天然草地破坏，草场退化；滥伐滥垦致使天然林丧失殆尽。水土流失是各种生态环境问题的集中表现，也是导致生态环境进一步恶化的原因之一。在国家"八七"扶贫计划的592个贫困县、8 000万贫困人口中，黄土高原就有126个贫困县、2 300万贫困人口；在2003年国务院批准的新阶段国家扶贫开发工作592个重点县中，黄土高原地区仍占125个，是我国两大片极度贫困地区之一。水土流失还带来交通不便、人畜饮水困难等一系列问题，严重制约着区域经济社会的持续发展与和谐社会的构建。

2.2 黄河泥沙

众所周知，黄河泥沙居全国大江大河之首。经多年的研究和实际测验，直径大于0.05 mm泥沙，是造成下游河道淤积的主要成分，其中直径大于0.1 mm的泥沙占下游河道的淤积比例超过80%。近20年来，由于自然因素和人为因素的共同影响，黄河水沙关系的矛盾进一步加剧，下游主河槽泥沙淤积进一步加重。因此，加强黄河泥沙及其来源研究，采取科学方式减少和处理黄河泥沙，对减少黄河下游泥沙淤积，保障人民生命财产安全，维持黄河健康生命和促进流域国民经济与社会可持续发展具有重要的战略意义。

2.2.1 黄河下游淤积泥沙来源分析

黄河泥沙除在时间分布上表现出年内分配集中、年际变化大的特点外，在区域分布上表现出的特点为地区分布不均、水沙异源。黄河流经青藏高原、河套平原、鄂尔多斯高原、黄土高原、渭汾盆地和黄河冲积大平原等不同的自然地理单元，地质地貌的迥然不同造成了泥沙来源区的不均衡性。河口镇以上黄河上游地区流域面积38.6万km²（不含闭流区），占全流域面积（不含闭流区）

的51.3%，来沙量仅占全河总沙量的8.7%，而来水量却占全河总水量的54%，是黄河水量的主要来源区；黄河中游河口镇至龙门镇区间流域面积11.2万km²，占全流域面积（不含闭流区）的14.9%，来水量仅占14%，而来沙量却占55%，是黄河泥沙的主要来源区；龙门至潼关区间流域面积18.2万km²，占全流域面积（不含闭流区）的24.2%，来水量占22%，来沙量占34%；三门峡以下的洛河、沁河来水量占10%，来沙量仅占2%。

2.2.1.1 有关水土保持研究界定的黄河泥沙来源区

多年研究表明，虽然黄河上中游地区的产沙区和泥沙粒径分布不均匀，但黄河80%以上的泥沙来自河口镇至龙门区间及泾河、洛河、渭河中上游地区，即多沙粗沙区。所谓多沙粗沙区有两个含义，一是这个地区的产沙量比邻近地区多；二是这个地区所产的粗泥沙也比邻近地区多。换句话说，满足既是多沙区（F_m）又是粗沙区（F_w）的地区才是多沙粗沙区（F_{mw}），即

$$F_{mw} = F_m \cap F_w \qquad (2\text{-}1)$$

20世纪70年代以来，黄河水利委员会（以下简称黄委）及中国科学院黄土高原综合考察队的多位专家和科技人员，分别采用"来沙分配图法"与"指标法"对黄河上中游多沙区、粗沙区和多沙粗沙的范围与面积进行了多次界定与研究，但由于采用的资料、方法与指标不一致，以致成果有一定的差别，多沙区面积变化于5.1万~21万km²，粗沙区面积变化于3.8万~21万km²，差距较大。

1）来沙分配图法界定的黄河泥沙来源区

1979年，黄委龚时旸、熊贵枢以黄河中游河口镇至三门峡区间的31.34万km²的区域为研究对象，采用以某粒级泥沙大于某侵蚀模数的来沙与总来沙量的比值为纵坐标，以大于某侵蚀模数的面积为横坐标作来沙分配图的方法，得出该区80%的泥沙集中来自于11万km²，50%的泥沙集中来自5.1万km²，这就是最早提出的黄河中游多沙区的概念；而该区80%的粒径≥0.05 mm粒级的泥沙集中来源于10万km²，50%的粒径≥0.05 mm粒级的泥沙集中来源于3.8万km²，这就是最早提出的黄河中游粗沙区的概念。同年，麦乔威、李保如以黄河中游地区为研究对象，采用同样方法研究认为，区域内80%的泥沙集中来自于13万km²，50%的泥沙集中来自于5.8万km²；区域内80%的粒径≥0.05 mm粒级的泥沙集中来源于11万km²，50%的粒径≥0.05 mm粒级的泥沙集中来源于4.3万km²。

1992年，支俊峰、李世明、邱宝冲以黄河三门峡以上区域为研究对象，采用来沙分配图法研究认为，区域内80%的泥沙集中来自于11.7万km²，50%的泥沙集中来自于4.6万km²；区域内80%的粒径≥0.025mm粒级的泥沙集中来源于13.7万km²，50%的粒径≥0.025mm粒级的泥沙集中来源于6.2万km²。黄河上中游多沙粗沙区来沙图分配法界定成果见表2-1。

表2-1 黄河上中游多沙粗沙区来沙分配图法界定成果汇总

编号	多沙区		粗沙区1		粗沙区2		研究区域	研究单位或人员	时间(年)
	面积(万km²)	比例(%)	面积(万km²)	比例(%)	面积(万km²)	比例(%)			
1	11 5.1	80 50	10 3.8	80 50	/ 	/ 	河口镇至三门峡	龚时旸、熊贵枢	1979 1980
2	13 5.8	80 50	11 4.3	80 50	/ 	/ 	黄河上中游地区	麦乔威、李保如	1979
3	11.7 4.6	80 50	/ 	/ 	13.7 6.2	80 50	三门峡以上	支俊峰、李世明、邱宝冲	1992
4	10 4.9	80 50	8.9 3.2	80 50	9.4 4.4	80 50	河口镇至龙门及华河湫黑武以上	黄委水文局、水科院等	1999

注：粗沙区1中的比例系$d \geq 0.05$mm粒级泥沙比例；粗沙区2的比例系$d \geq 0.025$mm粒级泥沙比例。

2）指标法界定的黄河泥沙来源区

关于采用指标法界定黄河上中游的多沙区、粗沙区和多沙粗沙区也提出了不少成果。早些时候的成果以中国科学院地理研究所陈永宗、景可1986年、1987年提出的"输沙模数指标法"为代表。该方法以研究区域内的平均侵蚀模数为指标，凡是侵蚀模数大于区域平均侵蚀模数的地区即为多沙区，反之为少沙区；以研究区域内的平均粗泥沙侵蚀模数为主要指标，有时附加来沙系数α（系指含沙量与流量的比值）或粗泥沙含量β指标等，符合一定指标条件的地区即为粗沙区，反之为细沙区；满足既是多沙区又是粗沙区的地区就是多沙粗沙区。陈永宗提出的多沙区和粗沙区的面积都是21万km²，景可后来提出的粗沙区面积为12.9万km²，多沙粗沙区面积为8.0万km²，再后提出的多沙粗沙区面积为9.41万km²。黄河上中游多沙粗沙区指标法界定成果见表2-2。

1996~1999年，黄委组织水文局、黄河水利科学研究院、陕西师范大学地理系、中国科学院地理研究所、内蒙古自治区水利科学研究院以及绥德水土保

————————— 第2章 水土流失与黄河泥沙

表2-2 黄河上中游多沙粗沙区指标法界定成果汇总

编号	面积（万km²）			界定方法	指标		研究区域	研究单位或人员	时间（年）
	多沙区	粗沙区	多沙粗沙区		多沙区	粗沙区（$d_{0.05}$/$d_{0.025}$）			
1	14.6	/	/	Ms指标法	5 000 t/(km²·a)	/	全流域	黄委水文局	1986
2	21	21/13	/	Ms指标法附加来沙系数	5 000 t/(km²·a)	5 000 t/(km²·a)且 $\alpha \geq 1$	龙华河洑头以上/河口镇至龙华河洑	陈永宗，景可，卢金发，张励昌	1987/1989
3	15.8	15.8	8.0	粗泥沙含量指标法	/	$\beta \geq 25\%$	龙羊峡至三门峡	黄土高原综合考察队 景可，陈浩	1986/1990
4	16.3	/	/	Ms指标法	5 000 t/(km²·a)	/	龙羊峡至三门峡	黄土高原综合考察队	1990
5	14.61	/	/	Ms指标法	5 000 t/(km²·a)	/	龙羊峡至三门峡	赵学英，王德甫	1991
6	/	12.9	8.0	Ms指标法	/	1 300 t/(km²·a)且 $\beta \geq 25\%$	龙羊峡至三门峡	景可，陈永宗	1993
7	18.69/12.9	/	/	Ms指标法	5 000/10 000 t/(km²·a)	/	河口镇至三门峡	熊贵枢	1993
8	15.6	/	/	Ms指标法	5 000 t/(km²·a)	/	全流域	孟庆枚	1996
9	12.41	9.55	9.41	Ms指标法	4 039 t/(km²·a)	1 407 t/(km²·a)且 $\beta \geq 25\%$	河口镇至龙华河洑	景可，李钜章	1997
10	11.3/8.9	/	/	含沙量指标法	300 kg/m³	/	全流域河口镇至花园口	黄委水文局	1999
	11.05	6.8/7.9	6.8/7.9	Ms指标法内业分析	5 000 t/(km²·a)	1 300 t/(km²·a)/2 800 t/(km²·a)	河口镇至龙门和华、河、沁、武以上		
	11.19	6.99/8.15	6.99/8.15	Ms指标法查勘修正	5 000 t/(km²·a)	1 300 t/(km²·a)/2 800 t/(km²·a)			
	11.92	7.86/7.86	7.86/7.86	Ms指标法卫片修正	5 000 t/(km²·a)	1 300 t/(km²·a)/2 800 t/(km²·a)			

持科学试验站等单位完成的黄委会水土保持科研基金项目"黄河中游多沙粗沙区区域界定及产输沙规律研究"，从加强基础资料分析、研究界定原则、方法和指标入手，以河口镇以下的黄河中游地区为对象，以1954~1969年同步系列观测资料为本底，采用输沙模数指标法，按照满足既是多沙区又是粗沙区的二重性原则来界定多沙粗沙。多沙区为多年平均输沙模数≥5 000 t/km²的强度侵蚀以上的水土流失区，粗沙区为粒径≥0.05 mm粒级粗泥沙年均输沙模数≥1 300 t/km²的水土流失区，同时具备上述两个条件的水土流失区为多沙粗沙区。经过外业查勘、内业分析和卫星遥感图片对照修正等综合研究，最终界定出的黄河中游多沙区面积为11.92万km²，黄河中游粗沙区面积为7.86万km²，黄河中游多沙粗沙区面积为7.86万km²。黄河中游多沙粗沙区主要分布在河口镇至龙门的23条支流以及泾河、北洛河上游的部分地区，涉及陕西、山西、内蒙古、甘肃、宁夏5个省（区）的44个县（旗、市），其中河口镇至龙门区间的

黄河中游多沙粗沙区区域范围

多沙粗沙区面积5.99万km²，泾河和北洛河上游的多沙粗沙区面积1.87万km²。根据1954~1969年水文观测资料，该区多年平均输沙量11.82亿t，占黄河同期输沙量的62.8%；粒径≥0.05 mm粒级粗泥沙的输沙为3.19亿t，占黄河同期相应粒级粗泥沙输沙量的72.5%。

界定黄河中游多沙粗沙区初步明确了黄土高原水土流失治理的重点，该区也是黄土高原水土流失最严重、生态环境最脆弱、治理难度最大、需要治理投入最多的地区，粗泥沙的产沙强度也十分不均衡。2004年，黄委提出应进一步缩小范围，确定对下游河道主槽淤积危害最大的地区，并以黄规计〔2004〕197号文批准黄委水文局、陕西师范大学地理系、黄河水利科学研究院、黄河上中游管理局等联合开展了"黄河中游粗泥沙区集中来源区界定研究"，以黄河中游多沙粗沙区为研究区域，根据三门峡库区和下游河道淤积物粒径组成特性，采用粗泥沙（$d \geq 0.10$ mm）输沙模数指标逐步搜寻和面积与产粗泥沙关

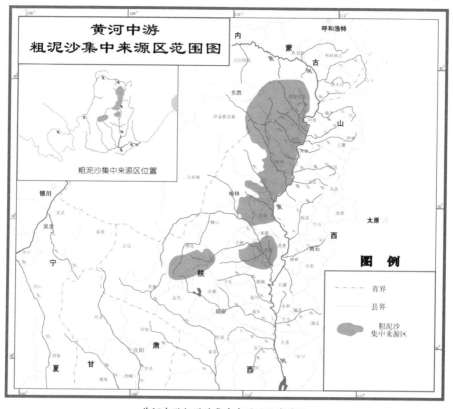

黄河中游粗泥沙集中来源区区域范围

系比较（二阶导数）来界定粗泥沙集中来源区。粗泥沙集中来源区为粒径≥0.10 mm粒级粗泥沙年均输沙模数≥1 400 t/km²的水土流失区。经过资料整理、外业考察、内业分析和地理制图等综合研究，最终界定出的黄河中游粗泥沙集中来源区面积为1.88万km²，在黄河中游呈"品"字形分布。其中最大第一片区面积14 142 km²，分布于在皇甫川、清水川、孤山川、石马川、窟野河、秃尾河、佳芦河、乌龙河流域；第二片区面积2 486 km²，分布于无定河的芦河、大理河、延河和清涧河上游一带；第三片区面积2 175 km²，分布于无定河下游。黄河中游粗泥沙集中来源区面积仅占黄河中游多沙粗沙区面积的23.9%（约1/4），但产沙量高达4.08亿t，占黄河中游多沙粗沙区产沙量的34.5%（约1/3），粒径≥0.05 mm和≥0.10 mm粒级粗泥沙产沙量达1.52亿t和0.61亿t，分别占黄河中游粗泥沙集中来源区相应粒级粗泥沙产沙量的47.6%（约1/2）和65.8%（约2/3）。

2.2.1.2 有关水土保持规划采用的黄河泥沙来源区

20世纪80年代以来的黄土高原水土保持规划对有关多沙粗沙区面积采用的数据大多基于这样一种基本认识，即土壤侵蚀模数大于等于5 000 t/(km²·a)的区域为多沙区，粗沙区基本包含于多沙区内，实际规划中多将"多沙区"作"多沙粗沙区"使用。1990年经国家计划委员会批准实施的《黄土高原水土保持专项治理规划》，根据水文观测资料，大致以黄河支流输沙模数大于5 000 t/(km²·a)的15.6万km²的地区作为治沟骨干工程的布设范围，但并未明确此范围为"多沙区"、"粗沙区"或"多沙粗沙区"。1993年编制《黄河流域严重水土流失多沙粗沙区治理规划》时，明确将上述15.6万km²的区域称为"多沙粗沙区"，同时根据黄土高原各省区的要求，将一些土壤侵蚀模数接近5 000 t/(km²·a)的区域也纳入多沙粗沙区，使多沙粗沙区的面积扩大到19.1万km²。根据水利部1990年发布的《全国水土流失面积遥感调查成果》，黄河流域强度侵蚀以上的水土流失面积19.18万km²，包括14.73万km²的水力侵蚀面积和4.45万km²的风力侵蚀面积，1997年编制的《黄土高原水土保持生态建设规划》遂将这一面积作为多沙粗沙区面积。2003年编制的《黄土高原地区水土保持淤地坝规划》，根据1990年公布的全国土壤侵蚀遥感普查资料，将土壤侵蚀模数大于5 000 t/(km²·a)的地区作为多沙区，多沙区的面积为21.2万km²，其中水土流失面积为19.1万km²，而将土壤侵蚀模数大于5 000 t/(km²·a)且粒径大于0.05 mm的粗泥沙侵蚀模数大于1 300 t/(km²·a)的地区作为多沙粗沙区，多沙粗沙区的面积为7.86万km²。

2.2.2 流域汇流与输沙特征

2.2.2.1 坡面汇流输沙特性

降雨强度超过土壤入渗强度时就会形成坡面径流。黄土高原地区坡面汇流的形式主要是片流、细沟流和浅沟流，而且由于坡面径流多为历时短、强度大的暴雨所形成，加上植被稀少，地表土壤下渗能力小，所以坡面汇流多为单峰型汇流。

坡面径流的侵蚀作用主要表现在对地表土壤颗粒的冲刷和对地表物质的搬运上。坡面径流形成初期，水深极小，且处于分散状态，流速缓慢，侵蚀和输沙能力较弱，但当其顺坡而下时，水量不断汇集增加，流速加大，冲蚀地表和输沙能力不断增强，终将导致坡面强烈侵蚀。坡面径流侵蚀方式主要有片蚀、细沟侵蚀和浅沟侵蚀。

坡面径流挟带的片蚀及雨滴溅蚀的泥沙在细沟、浅沟的形成和发展中得到进一步补充，往往使坡面径流具有很高的含沙量。根据黄土丘陵沟壑区团山沟等实测资料分析，峁坡上形成的次暴雨径流输沙量占支流总输沙量的30%左右，峁坡区的含沙量可达900 kg/m³左右，形成坡面高含沙水流。根据实测资料分析，坡面径流输沙能力与坡高和坡长有关，当坡度超过25°、坡长超过40 m（临界值）后，含沙量将趋于稳定而不再因坡度、坡长的继续加大而明显增加。

2.2.2.2 沟道及支流汇流输沙特性

1）沟道及支流汇流特性

黄土高原地区输送水沙入黄河的水系网络一般由支流内毛沟、支沟和干沟组成。坡面径流和泥沙首先通过沟谷坡上的切沟汇入毛沟，不同切沟、不同相位的水、沙汇流过程相互叠加，形成毛沟的流量与含沙量，由于毛沟泄流面积较小，汇流过程与坡面大致同步，历时相当，但流量峰值要比坡面大，含沙量峰值也有所增大。从毛沟汇入支沟的水、沙过程仍然存在相位差。由于支沟面积较大，各处降雨特性有一定差异，支沟的流量与含沙过程比毛沟历时长，峰值明显增加。但从峰型来看，支沟、毛沟和坡面的水沙过程绝大多数是单峰型。干沟的汇流过程与支沟大体相似，但因控制面积更大，沟道更长，降雨时空分布更不均匀，汇流的随机性很大；同时，不同支沟汇入干沟的径流量差别很大，使得干沟的汇流过程可以具有不同的洪峰和沙峰，不过仍以单峰为主，单峰次数约占洪水总次数的70%以上。大量实测资料表明，由于比降很陡，地表径流汇流速度很快，毛沟、支沟、干沟以至黄河中游各级支流的汇流过程中，相对而言，流域和沟道的调蓄能力是很小的。

黄土丘陵沟壑区的产流产沙特性，决定了输沙过程线的消退明显滞后于流量过程，由于各级沟道比降大，沟坡坡度很陡，从峁坡来的洪水汇入沟道后，除引发水力侵蚀外，还往往会在洪峰退水阶段引发重力侵蚀，使含沙量从水力和重力侵蚀中得到补充，因而沙峰多滞后于洪峰，洪峰降落后沙峰还会持续一段时间；沟道及支流汇流的另一个显著特征是洪水尖瘦、陡涨陡落，而且输沙过程线消退多近似呈斜直线形。

2）沟道及支流的输沙特性

一是时间上的高度集中性。输沙主要集中于汛期，时间分布极不均匀且远甚于径流时间分布，一二次特大暴雨的输沙量常占年输沙总量的很大比例。根据统计资料，三门峡7~9月水量占全年水量的55.8%，而沙量却占全年沙量的87.3%；延河1977年7月6日一次洪水的输沙量比前5年的输沙量总和还多；孤山川、窟野河、秃尾河、佳芦河和清涧河最大3 d的输沙量占年总输沙量的60%以上，最高可达84%。

二是输沙量与产沙量基本一致。大量实测资料表明，含沙量过程线峰值从坡面到干沟均基本上保持一个较高的数值，说明泥沙在沟道运行中不但很少发生淤积，而且由于沟道侵蚀使输沙有所增加。应该说，就多年平均情况而言，黄河中游各级支流都是输送泥沙的渠道，即从坡面经过沟道输入支流的泥沙基本上可以输入黄河干流，当然，河道在年际内仍有冲淤变化，有些支流还有强烈的揭底现象，但从长时段看则基本上是冲淤平衡的。

三是含沙量变幅与流量大小有关。输沙与流量关系的一个突出特点就是：小流量时含沙量变化极大，流量超过某一值时含沙量接近一个常值。因为，小

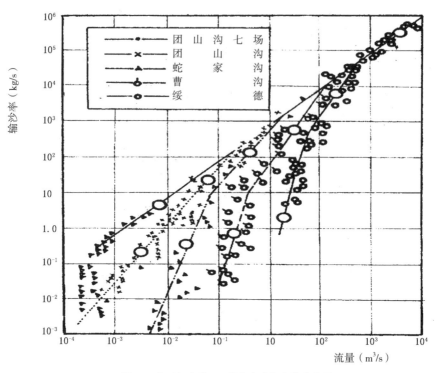

图2-1 大理河流域1964年输沙率与流量关系图

流量往往由局部暴雨产生，受下垫面等因素的影响，降落在不同区域的暴雨产生的含沙量大小也各异；当暴雨笼罩面积较大时，不同下垫面的影响有相互抵消的作用，因此虽然流量较大，但含沙量变幅较小且趋于稳定。图2-1反映了大理河流域输沙率与流量关系，不同级别沟道曲线上都有两个转折点，流量较大时的曲线趋于重合；低流量时的输沙率和流量关系($Q_s \sim Q^n$)的指数n，视不同沟道而异，沟道级差越大，其值相差越大。由于大流量时各级沟道都相应处于较大降雨情况，各地产生的沙量都比较接近，因而其点群汇集成一条共同的直线，其n值接近于1。

四是粗沙区的洪水含沙量高。通过对黄河中游1950~1979年所形成的高含沙水流分析得知，越是产粗沙的地区水流含沙量越高。如实测北洛河1950年的悬移泥沙中径为0.03 mm，最大含沙量为1 190 kg/m³；实测皇甫川1974年的悬移泥沙中径为0.079 mm，所形成洪水最大含沙量可达1 570 kg/m³。一般来说，悬移泥沙中径大于0.025 mm的多数高含沙洪水的最大含沙量都可达到1 000 kg/m³

以上。

2.2.2.3　干流河道径流输沙特性

1）径流特性

黄河中游干流河道径流受黄土高原支流的汇流特性影响很大，一是年内分配很不均匀。龙门和三门峡等站7~10月的径流量约占全年的60%；最大月径流量多出现在8月，占年径流量的17%；最小月径流量多出现在1月的频率最高，有时也出现在2月，一般占全年径流量的1%~3%。二是年洪枯流量差别很大。汛期洪水暴涨暴落，冬春季节流量很小。三是各站径流年际变化较大，变差系数C_v为0.22~0.24。四是洪水演进过程中常因支流洪水汇入而水沙过程多呈多峰型，有时也因洪水来源特别集中而呈单峰型，但不少单峰型流量过程的沙峰却是多峰型。无论是多峰还是单峰，其退水段一般是历时长、消退缓。

2）输沙特性

黄河干流河道的泥沙输移特性主要表现在以下几个方面：一是输沙量的年内分配较径流更为集中。大多数地区7~10月输沙量占全年输沙量的90%以上，其中尤以7月和8月的输沙量最高。输沙量的年际变化亦比径流量大得多。据统计，干流站最大最小输沙量的比值为4~10。二是汛期常由高含沙水流形成。从龙门与三门峡站高含沙洪水过程线的水峰、沙峰相位看，黄河高含沙洪水多是水峰在前、沙峰在后，或水峰与沙峰基本同步，但少数高含沙洪水却出现了"沙峰在前"的异常现象。如1973年8月底出现的高含沙洪水流量小，含沙量高且水峰与沙峰很不适应，沙峰在前、洪峰在后。沙峰在前型的高含沙洪水对河道的冲淤演变会产生强烈影响。三是在一定的水沙条件和边界条件下，高含沙洪水会形成所谓的"浆河"或"揭底"现象，这是河床发生严重淤积或强烈冲刷的两种突变的演变形式。四是泥沙从各条支流进入黄河干流河道后，虽然年际和年内都有冲淤变化，但从多年平均情况看，中游干流河道基本趋于冲淤平衡状态。

河口镇以上宁蒙河段为冲积性河道，在天然情况下，河床处于缓慢抬升的情况。宁夏河段表现为"大水淤积，小水冲刷"的冲淤特点；内蒙古河段则为"大水冲刷，小水淤积"的冲淤特征。

河口镇至龙门黄河干流流经晋陕峡谷，河道冲淤变化不大，但年际、年内的冲淤变化都大。一般表现为洪水期淤积、平水期冲刷，一个淤积期的最大淤积量可达2亿~3亿t，发生大淤积后的连续冲刷可持续2~3年之久。但从长期看，多年平均冲淤基本趋于平衡。

龙门至潼关河段俗称"小北干流"，河道由禹门口宽约100 m的峡谷河槽骤然展宽为4 km的宽河道，最宽处达19 km，至潼关河宽又收缩为850 m。该河段河道宽浅散乱，为堆积性、游荡性河道，有一定的滞洪落淤作用，一般汛期淤积，非汛期冲刷，多年平均情况是淤积的。三门峡水库修建前，多年平均泥沙淤积量为0.5亿~0.8亿t，三门峡水库修建后，淤积增加，年均泥沙淤积量近1.0亿t。

潼关到孟津是黄河穿行黄土高原的最后一段峡谷——晋豫峡谷。该段黄河也是"输沙渠道"，潼关以上的来沙量，基本上都可以输送到孟津以下黄河河道。

黄河从孟津出峡谷进入华北大平原，河道宽阔，比降平缓，水流散乱，泥沙大量淤积，是强烈堆积性河段，在不同来水来沙条件下，河床冲淤变化非常迅速。具有"多来、多排、多淤"、"少来、少排、少淤（少冲）"、"大水多排、小水少排"等输沙特性。另外，下游河道冲淤的年内、年际变化也很大。当来沙多时，年最大淤积量可达20余亿t；来沙少时，河道还会发生冲刷；年内淤积集中在汛期，汛期淤积量占全年淤积量的80%以上，又多集中在几场洪水中。

据多年资料统计分析，在进入黄河下游的16亿t泥沙中，约有1/4淤积在利津以上河道内，1/2淤积在利津以下的河口三角洲及滨海地区，其余1/4被输往深海。由于河床多年淤积抬高，黄河下游已成为"地上悬河"，防洪负担日益加重。从长期来看，河口淤积延伸，将造成侵蚀基准面相对抬高，由此而产生的溯源淤积，将影响下游较长河段。因此，河口淤积延伸也是造成下游河道淤积抬高的重要因素。

2.2.3 流域泥沙输移比

泥沙输移比是流域侵蚀产沙及输移研究中的一个基本理论问题，水流挟带被侵蚀的地面物质，经坡面、各级沟道汇入支流和干流，在泥沙输送过程中发生冲淤变化。

2.2.3.1 泥沙输移比概念及确定条件

1）泥沙输移比的意义

泥沙输移比的一般定义为：流域某一断面实测输沙量与断面以上流域侵蚀产沙量之比，用下列公式表示：

$$d_r = \frac{r}{T} \qquad (2-2)$$

式中 d_r——泥沙输移比，无量纲；

r——流域出口断面实测产沙量，t 或 t/km²；

T——控制断面以上流域侵蚀产沙量，t 或 t/km²。

一般来说，流域侵蚀量与水流输沙能力并不总是平衡的，泥沙输移比大，表明水流输沙能力较高。

2）确定泥沙输移比的条件

确定某一区域泥沙输移比的前提条件是泥沙粒径、时间系列和流域规模，所以有人建议泥沙输移的定义修正为：单位时间内通过控制断面的既定粒级泥沙输沙量与该断面以上相应粒级侵蚀产沙量之比。

（1）泥沙粒径。输移不同粒级泥沙需要不同的环境条件。一般而言，小粒径泥沙可在一般径流条件下运动，大粒径泥沙的搬运要困难许多，只有根据研究确定某一粒级泥沙的输移比才具有实际意义。有关研究认为，确定黄土高原泥沙输移比的泥沙粒径可以限制在1.0 mm以下，其理由包括两个方面：一是作为黄土高原最主要侵蚀对象的黄土，其众多分析样品中组成黄土的最大粒径不超过0.25 mm；作为黄土高原侵蚀泥沙第二来源的基岩的主要出露地层为砂岩、砂页岩和泥岩，其大部分在半干旱气候条件下经强烈的机械风化作用成为细粒物质。二是无论从黄河下游沉积的泥沙考虑，还是从水土保持减沙的角度考虑，所研究泥沙的粒级都未超过1.0 mm。

（2）时间系列。由于输移泥沙的径流（动力）呈周期性变化，在周期内波动，因此对于一个确定的流域来说，泥沙输移能力长期看是稳定的，短期看是不稳定的。决定径流的直接因素是降雨量和降雨特性，如果一般枯水年或平水年的径流只能挟带细粒径或中粒径泥沙的话，那么几十年一遇或百年一遇的暴雨径流就可能挟带更多更大粒级的泥沙。如延河1977年发生的60年一遇的暴雨径流将长12 m、宽6 m、高3 m的大砾石输移到河口的黄河滩上。流域不同频率的径流可以输移不同粒级的侵蚀物质，研究者不同时间系列（一次降雨、1年、10年或者100年）可以得出不同的泥沙输移比。

（3）流域大小。一般来说，流域越大，地质构造与岩性等环境条件则越复杂，其环境因素的相似性相对要差一些，而中小流域环境因素的相似性相对比较大，如黄河上中游环境因素的相异性多于相似性，而大理河中下游环境因素的相似性大大超过其相异性。大流域是由诸多不同级别的中小流域构成的，不同空间规模的流域会有不同的泥沙输移比，对黄土高原泥沙输移比有意义的空间尺度是中小流域。

2.2.3.2 区域分异规律

泥沙输移比的大小取决于其影响因素共同作用的程度。以往说黄土高原泥沙输移比等于或接近于1的观点就大范围平均无疑是正确的，但是黄土高原区域范围大，地质地貌等环境因素极其复杂，泥沙输移比的差异不仅表现在流域之间，而且表现在同一流域的上、下游之间，这里仅根据泥沙输移比的定性判断方法作定性分析。

1）泥沙输移比研究单元

研究泥沙输移比的区域分异规律实质上就是进行泥沙输移比的区域比较，我们不妨把比较的单元或尺度定义在能够较好地反映出泥沙输移比的区域分异规律、多数泥沙输移比基本接近1的黄河一级支流流域上。因为渭河发育的历史悠久程度不亚于黄河，因此把渭河作为例外而使其一级支流直接作为比较单元。

2）泥沙输移比空间分布特点

根据泥沙输移比的定性判断方法和指标（见表2-3）进行粗略分区，粒径≥0.95 mm为Ⅰ区，粒径<0.95 mm为Ⅱ区，从分区结果（见图2-2）可以看出，黄土高原泥沙输移比的空间分布具有如下特点：一是从宏观看黄土高原地区大多属Ⅰ区，具体看陕北黄土高原基本属Ⅰ区，鄂尔多斯高原属于Ⅱ区，山西高原、陇中盆地属Ⅰ区与Ⅱ区穿插分布。二是Ⅱ区大都分布于河源、河流上游或河流出口区域。如渭河两岸支流、河套两岸支流等发源于山区，在出山口前沟

表2-3 黄土高原泥沙输移比分区指标

分区	河床质特点	大断面冲淤特点	河谷纵比降	横断面形态	河谷堆积形态	河谷两侧堆积形态
Ⅰ区	沙砾质基岩质	冲刷	>1‰	狭窄下切	无任何堆积形态	支沟口有无成形堆积形态
Ⅱ区	沙质泥质	淤积	<1‰	宽缓无下切	有堆积微地貌	支沟口有成形堆积形态

谷相对狭窄，纵比降大，沟床堆积物都是砾石或基岩，泥沙输移比接近1；而水流出山口后汇入宽谷地带，由于泥沙沉积而泥沙输移比小于1；河谷两侧有堆积状态，堆积状态组成的物质特性和基本规律因流域而异。又如陇西盆地上游、朱家川上游、无定河部分支流上游是500~1 000 m甚至更宽的河谷，纵横比降都比较小，谷地往往呈箱形，两侧有洪积扇、冲积锥等堆积形态，这些堆积形态的构成物质都是细颗粒物质，几乎很少成为黄河泥沙的来源。

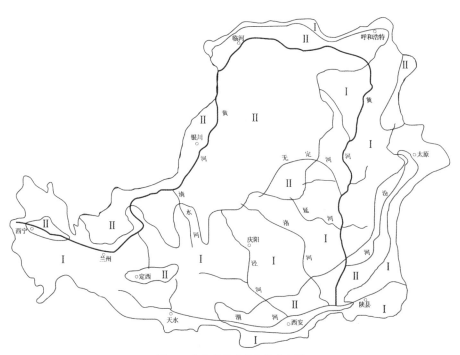

图2-2 黄土高原泥沙输移比分区

第2章 水土流失与黄河泥沙

第3章　防治概述

3.1 发展历程

　　早在奴隶社会时期，黄河流域就有大禹"平治水土"的传说。在有文献记载的3 000多年历史中，从西周开始，经春秋、战国，到秦、汉、魏、晋，随着农业生产的发展，逐步提出了合理利用土地的要求，并采用了蓄水保土、保护山林和平整缓坡等保持水土的措施。唐、宋以后，进而创造了在塬坡及丘陵坡修梯田和在沟中筑坝拦泥淤地的措施；一些干旱缺水地区，创造了水窖、涝池等小型拦蓄措施。

　　到了民国时期，战事连绵，政局动荡，国民经济停滞不前，黄河流域的水土保持不可能有计划地开展；且由于战争和陡坡开荒等原因，森林、草原破坏严重，水土流失日益加剧，下游河道淤积明显。这时，一些专家学者在深入研究历代治河方略的基础上，结合西方科学技术发展经验，认识到黄河河患的症结在于泥沙，泥沙的根源在于上中游黄土地区的水土流失，从而提出了开展调查研究，建立组织机构，进行科学试验，推进水土保持的思路，并在小范围内进

坡耕地沿等高线耕作

行了推广，为其后大规模开展水土保持奠定了基础。

20世纪三四十年代，李仪祉、张含英先后任黄河水利委员会委员长期间，都曾率领科技人员对黄河上中游的水土流失和水土保持进行调查研究，并明确地把水土保持纳入治黄方略。1933年，李仪祉在黄河水利委员会第一次委员会上提出在晋、陕、豫等省沿黄山丘广植森林保持水土的提案，并获通过。同年，在黄河水利委员会工务处设林垦组。1935年，在他拟定的《黄河治本计划概要叙目》中指出：黄河下游的泥沙，主要来自上中游的水土流失。主张治黄要上、中、下游并重，治标与治本兼顾，在上中游大力"培植森林，平治阶田，开挖沟洫，设置谷坊"。1940年设置林垦设计委员会，直属黄委会，其主要任务是专管有关水土保持方面的工作。

1941年，在甘肃天水和陕西西安分别设置陇南和关中水土保持实验区，这些专职机构的设置是黄河流域水土保持历史上的创举。1945年5月，关中水土保持实验区在西安市荆峪沟流域修建小型留淤土坝，这是黄河水利委员会在黄河上游修建的第一座小型留淤土坝。1946年4~5月，该实验区利用美援华补助水土保持专款500万元，在荆峪沟流域的南寨沟又修建了第二座留淤土坝。

石谷坊

1947年张含英在《黄

河治理纲要》中提出，通过在黄河上中游地区实施"土地之善用"、"地形之改变"与"沟壑之控制"等水土保持措施，为下游缓洪减沙。这是在国家治黄主管部门第一次提出把水土保持作为减少黄河泥沙的治黄方略，具有深远的意义。

新中国成立以后，黄河流域的水土保持工作，经历由重点试办到全面发展的过程，在广大水土流失区，实施各项治理措施，起到了提高生产、制止侵蚀、减少入黄泥沙的显著作用。这在中国历史上是前所未有的。

3.1.1　第一阶段（1950～1962年）

1950年1月，黄委研究室召开水土保持座谈会，明确提出"水土保持是黄河流域的主要工作之一"。同年成立了西北黄河工程局，组织沟壑治理查勘。在1950~1953年内，相继成立陇东、陕北水土保持工作站，并接收天水水保实验区（后来三站都改名为水土保持科学试验站），在陕北、陇东、陇南等水土流失严重地区，开始进行水土保持的试验、示范和推广工作。1952年12月，中央人民政府政务院总理周恩来签署发布了《关于发动群众继续开展防旱运动并大力推行水土保持工作的指示》，指出"由于各河治本和山区生产的需要，水土保持工作目前已属刻不容缓"，"应以黄河的支流无定河、延水及泾、洛、渭诸河流域为全国的重点"。同月，黄委在《1953年治黄任务的决定》中，把水土保持作为"变害河为利河"的关键，要求"大大地加强这一工作"。

1953年，黄委组织了共有400多人的9个水土保持查勘队，对中、上游地区水土流失严重的31条支流，进行全面深入的查勘，收集了这些地区的有关自然条件、社会经济情况、水土流失情况及群众水土保持经验等大量资料，为研究制定水土保持规划提供了科学依据。同年5~8月，以水利部副部长张含英为团长，率领有关单位专家36人组成的西北水土保持考察团，在黄河上、中游水土流失严重地区进行调查研究，提出了全面开展水土保持的指导性意见和建议。1954年，在国家计划委员会（以下简称国家计委）的领导下，成立了黄河规划委员会，编制了《黄河综合利用规划技术经济报告》，黄河上中游的水土保持，是其重要内容之一。

从20世纪50年代初至60年代初，中共中央对黄河流域的水土保持，一直抓得很紧。黄河上中游7省（区）从1954年以后，陆续设立了水土保持委员会和水土保持局（处），在不同类型区建立水土保持试验站或推广站。1955年7月，在第一届全国人民代表大会第二次会议上，邓子恢副总理作了《关于根治黄河水害和开发黄河水利的综合规划报告》，大会通过了相应的决议。从此，黄土高原的水土保持，被正式列入国民经济建设计划，并由中央主管部门和黄河上中游7省（区）各级政府有组织、有计划地开展工作。

正当黄河流域水土保持群众运动全面开展的时候，遇到国家经济困难。各地的粮食、日用品等供应十分紧张，中央提出了"调整、巩固、充实、提高"的方针，其中包括"精简机构，下放干部"措施，使黄河流域许多省（区）的水土保持机构被撤销，人员被下放，水土保持工作陷于停顿状态。在此形势下，部分地区也出现了毁林、毁草、陡坡开荒和破坏梯田、地埂等现象。水土保持工作转入低潮。

3.1.2　第二阶段（1963～1970年）

随着全国国民经济情况的好转，中央立即采取措施，加强黄河中游的水土保持工作。1963年1月，国务院水土保持委员会在北京召开了黄河中游水土流失重点区治理规划会议，部署河口镇到龙门区间水土流失严重的42个县着手编制水土保持规划。同年4月18日，国务院发布《关于黄河中游地区水土保持工作的决定》，指出在上述42个县开展重点治理，对改变当地贫困面貌和减少入黄泥沙的重要意义，并对规划治理的方针、措施等，提出了原则性要求。同年11月，国务院水土保持委员会在北京召开了黄河中游水土流失重点区第二次水土保持会议，通过会前对各地上报的规划资料的汇总，提出了《黄河中游42个水土流失重点县水土保持规划》。会上对这个规划进行了讨论，并部署了1964年的治理任务。黄河流域的水土保持工作，又开始恢复。

1964年，根据谭震林副总理的提议，为了加强黄土高原的水土保持工作，在西安成立了黄河中游水土保持委员会，接着又成立了西北林业建设兵团。黄河中游水土保持委员会成立后不久，立即着手编制了《1965～1980年黄河中游水土保持规划》。规划中考虑各地要求，把原有42个重点县扩大到100个（1973年和1977年两次延安水保会议又增加38个县）。1964年9月在西安召开的黄河中游水土流失重点区第三次水土保持会议和1965年9月在西安召开的黄河中游水土保持委员会第一次会议，都基本按照上述规划要求，部署了治理任务，使水土保持工作进一步得到加强。

1966年开始的"文化大革命"，使黄河流域的水土保持工作深受其害。从1966年夏天开始，工作基本陷于停顿；1969年9月，黄河中游水土保持委员会和西北林业建设兵团奉命撤销，大部人员下放到陕北农村；天水、西峰、绥德3个水土保持试验站交地方管辖，科研工作大部陷于瘫痪；黄河流域各省（区）的水土保持机构几乎全部撤销，人员下放，工作停顿，科研中断；有的科研站、所改为生产性农场，观测研究设施遭到破坏；各地出现了严重的毁林、毁草和陡坡开荒等现象，水土保持工作再次受到很大影响。

3.1.3 第三阶段（1971~1980年）

1970年10月，中央在北京召开了北方地区农业会议，明确要求，加快改变北方各省（区）农业生产面貌，必须像大寨那样加强农田基本建设工作。1970年12月至1971年1月，经国务院批准，由水电部主持在北京召开了黄河流域8省（区）水利水电部门参加的治黄工作座谈会，经过认真总结经验，提出当时的规划设想是：在上中游大搞水土保持，力争尽快改变面貌；在下游确保安全，不准决口；积极利用黄河水沙，为工农业生产服务。黄河流域各省（区）传达贯彻了这两次会议精神，决定在水土流失地区积极开展兴修梯田、坝地、小片水地等。从1971年开始，许多地方以县为单位，除平原地区以水利为主外，在山区、丘陵区，主要通过兴修梯田、坝地、小片水地和造林、种草，水土保持工作又得到了全面开展。

1973年4月和1977年5月，黄河治理领导小组、水电部、农林部，先后两次在延安召开了黄河中游地区水土保持工作会议。1973年的会议提出了"以土为首，土水林综合治理，为农业生产服务"的方针；1977年的会议，重申了这一方针。两次会议都强调搞水土保持首先要解决群众吃饭问题。在治理措施上，强调要搞好基本农田，改善农业生产基本条件。

为了加快水土保持进程，陕西、山西、内蒙古等省（区）积极推广水坠法筑坝、机械修梯田和飞机播种造林、种草等新技术；有关科研单位也积极配合，组织协作攻关，开展试验研究，解决了推广实施中有关技术问题，提高了工效，加快了进度，节约了劳力，使水土保持措施在技术上获得了突破性进展。

从1976年10月以后，到1979年贯彻中共十一届三中全会精神，其间强调农民参加水土保持必须按劳记工，按工付酬。农村逐步实行家庭联产承包责任制后，许多地方在水土保持中已经形成的旧做法被否定，新的办法尚未建立起来，如何组织劳力、调动群众的积极性问题，一时未能很好解决。在这样的过渡阶段，黄河流域水土保持工作曾一度受到影响。

水坠筑坝施工现场

机械施工筑坝

3.1.4　第四阶段（1981～1991年）

1980年春，国家农业委员会批复重建黄河中游水土保持委员会，并新建黄河中游治理局，作为黄河中游水土保持委员会的办事机构，为水土保持工作的深入开展做了组织准备。同年夏天，水电部在陕北、晋西和内蒙古的伊克昭盟三地，部署了第一批36条水土保持试点小流域，并拨专款，为大规模开展小流域综合治理探索新的经验。

1981年11月，恢复后的黄河中游水土保持委员会在西安召开了第一次会议，总结了新中国成立30年来水土保持工作的经验和教训，提出"六五"期间水土保持的计划任务和政策性措施。会后，黄河上中游7省（区）和一些水土流失重点地（盟）、县（旗），相继建立健全水土保持机构。黄河中游治理局组织人员到各地调查研究，了解情况，并通过《水土保持简报》等形式，加强宣传报导，交流经验，促进各地治理工作的开展。

1982年，国家增加了水土保持经费，扩大了试点小流域治理范围。1983

年，全国水土保持工作协调小组确定，将黄河流域水土流失严重的无定河、三川河、皇甫川和定西县，列为全国水土保持的重点区，拨专款加强水土流失治理工作。1986年，进一步调整和加强了黄河中游水土保持委员会的领导，并于当年12月，在西安召开了第二次委员会，研究新形势下出现的新问题（开矿、修路等造成新的水土流失）和应采取的对策。为了加强河口镇到龙门区间多沙粗沙区的治理，1984年国家计委和水电部研究提出，在这些地区加强面上治理的同时，在沟中增修库容50万~100万㎥以上的水土保持治沟骨干工程，以提高防御标准，并从1986年开始，拨专款进行试点，以后又逐年增加投资，逐步扩大工程范围。

随着国民经济建设的加快发展，黄河流域各地开矿、修路等基本建设和工业生产造成新的水土流失，情况也日益严重；同时，许多地方对于保护森林、草原、禁止陡坡开荒等法规执行不严，以致许多天然林草植被遭到严重破坏，有的地方甚至破坏大于治理，成了水土保持工作中的一大问题。对此，中共中央和各省（区）政府于1990年前后新设监督机构，制定监督制度，采取包括法律在内的各种保护林草植被、防止造成新的水土流失的措施。1991年6月《中

陕西横山元坪治沟骨干工程

华人民共和国水土保持法》公布施行后，这方面的工作得到进一步的加强。

3.1.5　第五阶段（1992～2003年）

20世纪90年代以后，随着《中华人民共和国水土保持法》（以下简称《水土保持法》）和《中华人民共和国水土保持实施条例》的贯彻执行，黄河流域的水土保持工作发生了重大变化。一是指导思想逐步转向了预防为主、保护优先，加强了预防监督工作；二是一系列配套法规和规范性文件相继出台，大部分工作都做到了有章可循、有法可依；三是流域机构和各省（区）、地（盟、市）、县（市、区旗）的水行政主管部门先后建立了水土保持监督机构，一大批专职工作人员上岗执法，查处了不少违反《水土保持法》的案件，在社会上产生了重大影响；四是在基本建设和开发项目中逐步推行了"三同时"制度，广大干部群众和开发建设单位的水土保持法规观念、环境意识都有所增强，水土保持工作开始走上法制化轨道。

同时，随着经济体制改革的深入与发展，户包治理小流域又向租赁制、股份合作制、拍卖"四荒"等多元化方向发展。承包的主体，除了农民外，又扩展到一部分有条件的工人、干部、企事业单位和社会团体，收到了良好的效果。与此同时，在黄河流域水土保持生态建设中逐步推行项目法人制、监理制和招投标制，进一步加强了合同管理，规范了建设行为，提高了投资效益；在水土保持科学研究中，逐步推行竞争上岗制、激励机制和约束机制，进一步提高了科研成果的质量，加快了成果的推广应用。黄河流域水土保持工作的机制创新和深化改革，适应了发展社会主义市场经济的要求，体现了以人为本、与时俱进、逐步建立和推行现代化管理的创新思

水土保持监督执法现场

维，对于加快工程进度、提高投资效益具有重大意义。

1997年，中共中央总书记、国家主席江泽民提出"再造一个山川秀美的西北地区"；全国人大常务委员会委员长李鹏指示黄河流域水土保持要"十五年初见成效，三十年大见成效"；1999年，国务院总理朱镕基提出，要在西北黄土高原地区实行"退耕还林（草），封山绿化，个体承包，以粮代赈"的政策措施，加快了生态建设进程。黄河水利委员会审时度势，通过对原有项目的整合，启动了黄河水土保持生态工程建设项目，开始了以多沙粗沙区治理为重点、以支流治理为骨架、以小流域治理为单元的集中投资和规范化管理，进一步加快了黄河流域的水土保持建设步伐。

据统计，2002年度黄河流域水土保持生态工程建设年度总投资达9.49亿元，当年开展治理的面积13 203 km²，均创历史最高纪录。

黄河水土保持生态工程青海湟水河项目区

小流域综合治理

宁夏隆德新村淤地坝建设

2003年，水利部部长汪恕诚在全国水利厅局长会上将"淤地坝"列为当年水利"亮点工程"之一，并从国家预算内财政资金中安排专款，启动实施水土保持淤地坝试点工程，黄土高原地区淤地坝建设从此走上以小流域为单元，大、中、小坝合理配套，作用互补，功能相济，大规模建设的轨道。

3.1.6 第六阶段（2004年至今）

2004年以来，党中央、国务院针对支农投资管理分散、衔接不够、交叉重复、效率不高等突出问题，反复强调进行整合。中发〔2004〕1号文件提出，要"按照统一规划、明确分工、统筹安排的要求，整合现有各项支农投资，集中财力，突出重点，提高资金使用效率"。中发〔2005〕1号文件又指出要"继续加大国家农业资金投入的整合力度，鼓励以县为单位，通过规划引导、统筹安排、明确职责、项目带动等方式整合投资，提高资金使用效率"，中发〔2006〕1号文件再次重申，要"进一步加大支农资金整合力度，提高资金使用效率"。为贯彻落实中央一系列指示精神，2006年国家发展改革委员会（以下简称"国家发改委"）发出《关于加快推进县级政府支农投资整合工作的通知》（发改农经〔2006〕462号），明确要求建立"规划先行，搭建平台，逐步形成按规划统筹项目、按项目安排资金"的机制。随着国家支农资金整合工作的不断加强，黄土高原地区综合治理投资整合问题也日益凸现，得到了国家有关部委的高度重视。2008年3月国家发改委向国务院上报了《关于加快黄土高原地区综合治理有关情况的报告》（发改农经〔2008〕637号），国务院已原则同意。该报告明确指出，当前，国家在黄土高原地区开展的生态治理和农村基础设施建设工程很多。要按照渠道不变、集中力量、加强协调、相互配合的原则逐步整合这些投资，做好各项工程时间和地域上的配置，发挥工程整体效益。投资整合要在各个层面分别进行，以县为重点。县级政

小流域坝系

府作为各项工程实施的基层单位，要做好本行政区域内的生态建设综合规划，统筹安排好各项工程建设的实施工作。国家各项工程建设主管部门，要加强协调沟通，做好工程建设指导。2009年7月国家发改委、水利部向各省（区）印发了《关于改进地方小型水利项目投资管理方式的通知》（发改农经〔2009〕1981号），该通知指出：国家发展改革委会同水利部对各省提出的年度补助投资申请进行审核平衡后，分省（区、市）切块下达年度投资规模计划。在中央下达总任务和补助投资总规模内，各具体项目的中央投资补助标准由各地根据实际情况确定。并同时明确，各级发展改革委和水利部门要按照职能分工，各负其责，密切配合，加强对小型水利建设项目中央补助投资管理方式改革和工程建设管理的组织、指导与协调，共同做好各项工作。发展改革部门负责牵头做好工程建设规划衔接平衡、项目实施方案审批、投资计划审核下达（与同级水利部门联合或会签）和建设管理监督等工作；水利部门负责牵头做好工程建设规划编制、项目实施方案编制审查、工程建设行业管理和监督检查等工作，具体组织和指导项目实施。在这种大背景下，黄河上中游地区水土流失综合防治工程基本建设投资体制也相应改变，即年度基建投资计划由国家发改委会同水利部切块下达到各省（区），从而改变了经水利部黄委直接下达到各省（区）水利厅的传统投资体制。与此同时，黄河上中游管理局的业务工作，按照民生水利和治黄工作"四个重点转向"的要求，进一步由侧重流域水土保持项目管理向行业技术服务型管理和上中游全面的水行政管理转变。

3.2 治理成就

经过半个多世纪的艰苦探索，黄土高原的水土保持工作已从典型示范到全面发展；从单项措施、分散治理到以小流域为单元不同类型区综合治理；从防护性治理到治理与开发相结合，生态、经济、社会效益协调发展；从以人工治理为主，逐步向人工治理和依靠生态系统自我恢复能力相结合的水土保持建设与保护思路转变，并在实践中不断总结经验、丰富认识。先后在黄河上中游地区启动实施了国家水土保持重点治理区、水土保持小流域综合治理点、治沟骨干工程、沙棘资源建设、国家预算内资金水土保持项目、退耕还林（草）及黄

甘肃泾川田家沟小流域综合治理

河水土保持生态工程等一大批水土保持重点项目。目前已在20多万km²水土流失面积上实施了各类治理措施，现有治理措施为改善和保护当地的生产、生活及生态环境，减少入黄泥沙，促进区域的经济发展和群众的脱贫致富，作出了重要贡献，并不同程度地发挥了制止侵蚀、改善生态、提高生产、减少入黄泥沙的作用。

3.2.1 规划体系建设

新中国成立以来，黄委和流域各省（区）在不同时期根据不同目的和要求，开展过多次水土保持规划工作。这些规划包括流域规划、区域规划、支流规划、以行政区域（省、地、县）和以小流域为单元的规划。其中由黄河上中游管理局编制完成了十多项全国性水土保持专项规划和流域专项规划。开展的流域（主要是黄土高原地区）水土保持综合规划11次，有5项得到国家正式批准实施，具体包括1954年编制的黄河综合利用规划中的水土保持规划、1983年编制的《黄河流域黄土高原地区水土保持专项治理规划》、1992年作

制定水土保持规划

为《全国水土保持规划纲要》附件的《黄河流域水土保持规划》、1998年作为《全国生态环境建设规划》附件的《黄河流域黄土高原地区水土保持生态环境建设规划》和2002年作为《黄河近期重点治理开发规划》附件的《黄河流域黄土高原地区近期水土保持生态建设规划》。

在专项规划、区域规划和支流规划方面，编制了《黄河流域黄土高原地区水土保持淤地坝建设规划》、《黄河流域坡耕地治理规划》、《晋陕蒙接壤地区水土保持规划》、《黄河多沙粗沙区严重水土流失地区水土保持规划》、《县川河流域水土保持综合治理规划》等一大批专项、区域或支流规划，部分规划得到行业或部门的批准实施，为水土保持生态建设和保护提供了重要的依据。在行政区域水土保持规划层面，各地制定并实施了一批重要治理和保护规划，如陕西的《无定河水土保持规划》、山西的《汾河水土保持规划》等。

这些规划的编制和实施，对理清水土保持发展的思路、方向、目标与任务、布局和重点工程、对策、措施作用重大，成为开展项目前期工作、工程立项审批、安排投资计划、加强社会管理等必不可少的重要依据。但是，必须看到，目前水土保持规划体系还不完善，规划项目存在多而杂的现象，一些规划成果的质量不高，一些规划审批和成果管理较为滞后，其法律地位和社会管理作用仍没有得到充分发挥。

3.2.2 综合治理与生态修复

20世纪80年代特别是西部大开发以来，国家投入大量资金，先后在黄土高原地区实施了无定河等四大片国家重点治理工程、试点小流域项目、治沟骨干工程专项、黄土高原水土保持世界银行贷款项目、黄河水土保持生态工程、砒砂岩地区沙棘生态工程、中央财政预算内专项资金水土保持工程、退耕还林工程、三江源自然保护区生态保护和建设工程、黄土高原淤地坝工程等一大批水土保持生态建设重点项目。重点工程的中央投资标准从"九五"时期的每平方千米1.5万~3万元提高到4万~6万元，其投资力度之大、覆盖范围之广、效果之显著，都是前所未有的，极大地推动了黄河流域的水土保持工作和区域经济社会的持续发展。

2000年以来，在中央新时期治水方针指导下，流域机构不断深化"防治结合，保护优先，强化治理"的方略，在黄河流域水土保持工程布局上，实行由分散治理向集中、规模治理，高水平示范转变；治理投资由全区面上安排向突出7.86万km²的多沙粗沙区重点安排，以点带面，整体推进流域治理转变。在整合原有中央投资项目的基础上，启动实施了"黄河水土保持生态工程"。

陕西省吴起退耕还林山峁

截至2005年底，该工程已累计治理水土流失面积7 186 km²，建成骨干坝640座、中小型淤地坝1 800多座、小型水保工程4.4万座。已成为具有黄河特色、影响广泛、效益显著、示范作用强的生态建设标志性工程，有力地辐射和带动了全流域水土保持工作的快速发展。特别是该工程重点项目之一的甘肃天水藉河示范区，开创了我国水土保持示范区建设的先河，不仅为黄土高原水土保持生态建设树立了样板，而且在全国产生了很大的影响。

甘肃天水藉河示范区万亩梯田葡萄

为了探索迅速恢复植被，通过增加植被覆盖，治理水土流失，改善生态环境的新路子，2001年以来，黄河流域各省（区）按照水利部治水新思路，结合流域实际，将水土保持生态修复工作作为生态环境建设的一项重要内容来抓，不断加大了工作力度。目前，黄河流域9省（区）已有50个地市、290个县（市、区、旗）实施封禁保护面积近30万km²。黄河流域的封山禁牧在规模、范围和

青海黄河源区生态修复

成效方面取得了历史性突破。

经过多年的综合治理，黄河流域水土保持工作取得了举世瞩目的成就。据《黄河流域水土保持公报》显示，截至2007年底，黄河流域累计初步治理水土流失面积22.56万km²，其中建设基本农田555.47万hm²，营造水土保持林1 191.53万hm²、封禁治理141.99万hm²，人工种草367.04万hm²，兴修各类小型水土保持工程183.91万处（座）（见表3-1）。

表3-1 黄河流域2007年底水土保持初步治理措施面积

省（区）	初步治理面积 （万km²）	基本农田 （万hm²）	水 保 林 （万hm²）	种 草 （万hm²）	封禁治理 （万hm²）	小型水保工程 （万处座）
青海	0.77	21.14	31.83	6.49	17.30	19.01
四川	0.000 2	0	0	0.02	0	0
甘肃	5.38	179.18	218.17	107.76	32.59	20.86
宁夏	2.01	58.08	80.37	48.28	14.74	27.40
内蒙古	3.09	31.65	167.44	94.48	15.50	10.03
陕西	6.07	122.54	361.64	90.56	32.73	44.99
山西	4.13	106.35	269.15	18.13	19.17	47.03
河南	0.65	20.15	35.20	1.25	8.56	8.53
山东	0.46	16.38	27.73	0.07	1.40	6.06
合计	22.56	555.47	1 191.53	367.04	141.99	183.91

通过流域广大干部、群众坚持不懈地治理，极大地改善了水土流失区农村生产和生活条件，有效保护和改善了区域生态环境，明显减少了入黄泥沙，有力地促进了小康社会和社会主义新农村建设。据初步统计，仅"十五"期间，全流域各项水保措施每年可增产粮食1 000.50万t，增产果品77.04万t，年增加经济收入26.56亿元。受益人口达497万人，其中75万人实现了脱贫，解决了80万人的饮水困难。流域林草覆盖率提高了4.6%，每年可减少土壤流失量1.71亿t，增加降水有效利用量30.59亿m³。

3.2.3 预防监督与监测评价

1988年国家计委与水利部联合发布《开发建设晋陕蒙接壤地区水土保持规定》后，黄河流域的水土保持预防监督工作开始步入正轨，并逐步发展壮大，通过30年的探索和实践，特别是近年来，在国家大型生产建设项目水土保持督查、国家重点监督区和预防区监督整理、全国水土保持监督执法专项行动、预防监督信息化建设、水土保持预防监督技术标准规程、预防监督前期工作等方面取得了显著成效，起到了明显的示范与带动作用，形成了流域管理和区域管理相结合的监督管理模式，有效遏制了

丹（东）拉（萨）国道主干线西宁过境公路西段工程督查工作会

人为水土流失。据初步统计，截至2005年底，黄河流域各地共制定水土保持配套法规、规章2 315个，建立健全监督机构387个；开展了10个地（盟、市）和174个县（市、区、旗）监督管理规范化建设试点，消除了执法空白县；实施了全国第一、第二批8个城市和黄河流域4个城市的水土保持试点工作。加大了监督执法的力度，共审批开发建设项目水土保持方案2万多个，查处水土保持违法案件1万余起，收缴水土流失防治费、水土保持设施补偿费1.3亿元，促使开发建设单位自行投入水土流失治理经费达12亿多元。

黄河流域水土保持监测始于20世纪40年代。首先在甘肃天水建立了水土保持实验站，进行水土流失定位观测。1955年，水利部首次组织了全国范围的水力侵蚀人工调查；随后，黄委在甘肃西峰、陕西绥德建立了水土保持试验站，布设了一大批观测站点，开展水土流失规律、防治措施、效果评估及预报模型等方面的试验研究，取得了一批成果。

20世纪80年代末，水利部利用卫星影像，组织进行了全国第一次水土流失

小流域径流泥沙观测卡口站

第3章 *防治概述*

遥感普查，在监测技术、监测手段上有了新的突破。1991年《水土保持法》的颁布，明确了水土保持监测工作的地位和作用，标志着水土保持监测工作进入了新的发展阶段。自20世纪90年代以来，黄河流域的水土保持监测工作，在监测网络系统建设、水土流失动态监测、数据库及应用系

先进技术应用

统开发等方面有了长足的发展。相继开展了黄土高原水土保持世界银行贷款项目监测评价、黄土高原水土流失动态监测、黄河流域水土保持遥感普查项目、黄土高原淤地坝监测、黄河重点支流水土保持遥感监测等项目，取得了一系列监测成果，并在生产中得到应用。其中完成的国家"948"项目——黄土高原严重水土流失区生态农业动态监测技术引进项目，获陕西省2004年度科学技术一等奖。截至2005年底，黄河流域已建监测机构169个，其中流域中心站1个、省级总站8个、地级分站69个、县级分站92个；有监测技术人员877人，基本形成了流域机构、省（区）、地（市）、县（旗）较完整的水土保持监测体系。

3.2.4　技术进步与科技创新

据不完全统计，从1988年至2002年的15年中，黄河流域水土保持科学研究共取得了198项科研成果，获得了不同级别的奖励。其中11项成果获国家奖励，91项成果获省（部）级奖励，85项成果获地（厅）级奖励，11项成果获县级奖励。自2003年黄委党组提倡创新思维，实施创新激励机制以来，黄河上中游管理局围绕重点工作，利用先进的技术和设备，不断探索与创新，在淤地坝建设、水土保持应用技术及水土保持信息管理软件系统研发等方面取得了突破性进展，共获创新成果奖励138项，其中获黄委创新成果奖励13项。许多成果应用于生产实践，取得了显著成效，促进了黄河水土保持工作的发展，为黄河的治理开发与管理提供了有力的技术支撑。具体表现在以下方面：

一是把淤地坝创新成果应用于坝系规划设计、可行性研究中，解决了许多

生产实践中的技术难题。如把小流域坝系布局合理性分析指标体系和小流域坝系布局合理性评价标准，应用在淤地坝规划设计工作中，发挥了重要的指导作用；《黄河多沙粗沙区小流域坝系相对稳定条件及可行性研究》成果，在黄土高原小流域坝系规划、设计、建设中得到大量应用，效果良好。

二是编制的《水土保持治沟骨干工程技术规范》、《水土保持治沟骨干工程技术规范应用指南》等行业标准和技术规范，自2004年至今，已广泛应用于黄河流域开展的430多条小流域坝系建设可行性研究和2 600多座治沟骨干工程设计中，并作为各地管理部门进行技术审查的主要依据。

三是依据行业特色，抓好规划、设计软件系统开发等应用技术类成果的推广。如《黄河流域水土保持数据库系统》自投入使用以来，以不同的方式和途径给不同应用对象提供了水土保持生态建设、动态监测、科学研究、水行政管理和宏观决策所需要的各种数据，有效地提高了水土保持科学管理、资源共享、信息服务水平；《黄土高原淤地坝数据管理系统》的方便、快捷查询、统计、录入、输入（出）功能，基本满足了黄土高原淤地坝数据管理工作的需

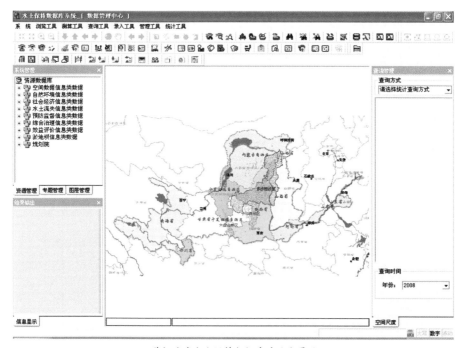

黄河流域水土保持数据库系统主界面

求；《淤地坝工程量计算及自动绘图软件系统》的应用，不仅从根本上解决了坝体清基、削坡工程量的计算问题，而且为应用单位计算工程量和工程设计图制作提供了快捷的工具，节约了大量人力、物力，大大提高了工作效率。据调查，仅2005年，各地就节约资金52.8万元。

3.2.5 综合防治成果

3.2.5.1 土壤侵蚀强度降低，入黄泥沙显著减少

据中国水土流失与生态安全综合科学考察组调查成果显示，1986年和2000年黄土高原地区土壤侵蚀强度及其面积发生了明显变化（见图3-1、图3-2），近15年来黄土高原地区土壤侵蚀强度明显降低，进入黄河的泥沙量减少。1986年土壤侵蚀强度主要分布在2~5级，以5级面积最大，占总面积的比例为27.40%；其次为2级、4级和3级，几乎各占总面积的1/4；土壤侵蚀强度最大的1级面积约占侵蚀面积的2.0%。到2000年，土壤侵蚀强度集中在3~5级，以4级面积最大，占总面积的39.08%；5级面积也由1986年的27.40%增加到30.61%；3级面积有所上升；而2级面积锐减到6.72%（见表3-2）。经综合研究分析，黄土高原地区水土保持措施平均每年减少入黄泥沙3.5亿~4.5亿t，约占黄河输沙减少量的一半。

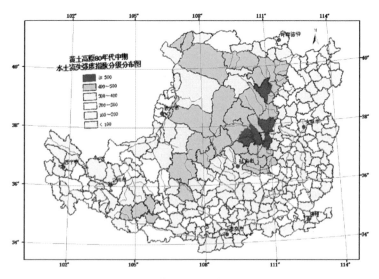

图3-1 1986年黄土高原地区土壤侵蚀强度指数分级

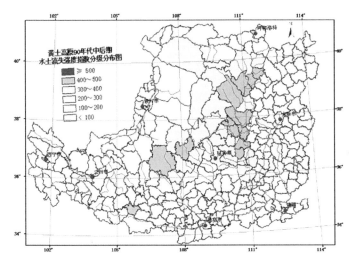

图3-2 2000年黄土高原地区土壤侵蚀强度指数分级

表3-2 黄土高原地区土地侵蚀强度指数分级及其动态变化

土壤侵蚀强度指数	等级	1986年			2000年		
		县 数（个）	面 积（万km²）	面积比例（%）	县 数（个）	面 积（万km²）	面积比例（%）
<100	6	9	0.54	0.86	0	0.00	0.00
100~200	5	106	17.10	27.40	131	19.10	30.61
200~300	4	77	14.52	23.28	98	24.39	39.08
300~400	3	54	14.38	23.05	42	14.72	23.59
400~500	2	35	14.62	23.43	16	4.19	6.72
≥500	1	6	1.24	1.98	0	0.00	0.00

3.2.5.2 坡改梯和淤地坝工程加速了基本农田建设，促进了农民增产增收和退耕还林（草）工程的稳步发展

坡改梯是坡地整治的一项重要措施，能有效减少水土流失、提高农田生产能力。据试验观测和生产实践调查，坡地改成梯田后，土壤含水量提高4%~12%，土壤有机质含量由0.37%~0.76%增加到1.1%；全氮含量由0.024%~0.025%增至0.088%，有效磷由2~5 mg/kg增至8 mg/kg；同时，水平梯田可以拦蓄坡面径流70%~95%，保土90%~100%，平均每公顷可增产粮食1 125 kg以上。黄河流域已建成梯田约530万hm²，每年共可增产粮食近600万t，对控制水土流失、提高土地生产能力发挥了有效的作用。在全国率先实现梯田化的

—————————— 第3章 *防治概述*

甘肃省庄浪县，至1999年度，全县农民人均建成水平梯田0.167 hm²，1997年在遭受50年一遇特大旱灾的情况下，梯田每公顷粮食产量达2 292 kg，而坡耕地几乎绝收，全县仍能保持粮食自给。

山西汾西康和沟坝地

"沟里筑道墙，拦泥又收粮"，这是黄土高原地区群众对淤地坝作用的形象总结。与坡耕地相比较，坝地土壤含水量高达80%，土壤养分提高30%。据典型调查，坝地平均单产为4 500~6 000 kg/hm²，是坡耕地的6~10倍。山西省汾西县康和沟流域，坝地面积仅占总耕地面积的28%，粮食总产却占该流域粮食总产量的65%。1995年陕西省遭遇特大干旱，榆林市横山县赵石畔流域106.67 hm²坝地粮食单产达到4 500 kg/hm²以上，而1 666.6 hm²坡耕地单产仅150 kg/hm²。长期的实践证明，大规模开展淤地坝建设，发挥拦沙、蓄水、淤地、增产等综合功能，对促进当地农业增产、农民增收、农村经济发展，巩固退耕还林成果，改善生态环境，有效减少入黄泥沙，实现区域经济社会可持续发展具有非常重要的现实意义。

3.2.5.3 退耕还林（草）扭转了长期以来植被数量、质量持续下降的不良局面，生态系统得到改善

黄河流域是国家退耕还林还草的重点实施区。在国家退耕还林（草）政策的支持下，黄河流域林草地覆盖率显著提高。据国家林业局退耕还林（草）质量核查结果，2002年退耕还林草面积核实率为95.8%，造林质量合格率为89.6%；陕西省榆林市调查的3个县植被覆盖率增加到43%（年均增幅2%）；山西全省植被覆盖率增加到18%（年均增幅1.5%）。通过退耕还林还草、三江源生态保护与建设和流域生态修复政策的实施，黄河流域植被覆盖率整体增加、质量提高，内蒙古的鄂尔多斯、宁夏盐池、陕西延安和榆林等地的群众直接感受是"草多了，草高了，圈养牛羊容易了"。

3.2.5.4 水土保持促进了农村经济结构调整和区域经济社会的协调发展

通过坡耕地综合整治和淤地坝工程建设，促进了旱涝保收基本农田、经济

退耕还林　　　　　　　　　　　　宁夏丘陵区退耕还草地

园林和水土保持林草建设，为发展优质高效农林产业结构调整奠定了基础，使过去相对单一的粮食生产经济结构，转变为农、林、牧、副多种经营，发展了农村经济，增加了农民收入，保证了粮食的自给，解决了群众的后顾之忧；促进了陡坡耕地退耕还林草，推动了大面积植被的恢复，改善了生态环境，确保真正实现"退得下，还得上，稳得住，能致富"的目标。

　　国家八大片水土保持重点治理中的无定河流域二期治理工程，通过5年治理，治理度提高了3.2倍，植被覆盖率增长3.7倍；建成基本农田21.75万hm²，人均增加粮食3.8倍，养殖业、经济林果得以发展，农村劳动力也逐步向外转移，人均纯收入比治理前增长近5倍。陕西省绥德县王茂庄小流域，在人口增长、大量坡耕地退耕还林还草、粮食播种面积缩小的情况下，粮食总产稳定增加。该流域全部荒山荒坡实施了生态自然修复，耕地面积由占总面积的57%下降到28%，林地面积由3%上升到45%，草地面积由3%上升到7%，治理区生态环境得到了明显改善。

陕西榆林坝地利用

第4章　水土保持防治措施

　　水土保持防治技术措施主要针对沟壑、坡耕地、荒地的不同情况，采取相应的措施。主要有四类：一是沟道治理工程，包括沟头防护、谷坊和淤地坝；二是坡面防治工程，这类工程主要有梯田和蓄水工程；三是荒地治理措施，包括造林育林、种草育草等；四是结合农事耕作，在坡耕地采取的水土保持耕作措施。这些措施都能有效地治理各类土地上不同类型的水土流失，并为改变黄土高原面貌、促进群众脱贫致富创造了有利条件。

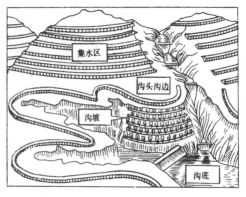

沟壑治理总体部署示意图

黄土高原有大小沟壑27万多条，各类沟壑以沟头前进、沟底下切、沟岸扩张三种形式，不断向长、深、宽三个方向发展，危害十分严重。千百年来，黄土高原地区的群众，采取从沟头、沟坡到沟底，从支毛沟到干沟一系列的配套工程，同时，在集水面上修梯田、造林、种草等综合措施，收到了减轻和制止沟蚀、充分利用水土资源的效果。

4.1 沟头防护

黄河流域修沟头防护工程有300多年的历史。山西省太谷县上安村于清顺治十一年(1654年)修建的沟头防护及所立碑石至今犹存。甘肃省西峰市方家沟圈沟头防护工程，建于1915年。20世纪50年代初，群众把沟头防护作为制止沟头前进、保护塬面和坡面的重要水土保持措施，开始有计划地修建。到20世纪70年代，群众把修沟头防护和大面积平田整地结合起来，收到更好的效果。甘肃省东部和陕西省渭北高塬区及阶地区，群众把沟头防护围埂向两侧沟边延伸成为沟边埂，拦蓄雨水，制止沟岸扩张，并在埂外种植灌木或牧草，固结沟岸，充分利用土地。陕西省渭北塬区沟边总长约5万km，将沟边埂作为水土保持重要措施，仅1986~1989年就完成了1万多km。

凡修建沟头防护工程的沟头，只要工程合乎标准，质量达到要求，而且管护较好，沟头都停止了发展。山西省太谷县上安村修建沟头防护工程后，350多年来沟头没再前进，保护了村庄道路和86.67 hm²塬地的安全。甘肃省西峰市方家沟圈沟头以上塬面面积0.64 km²，自1915年修建沟头防护工程后，70多年来沟头再未前进。路家水沟沟头在未修建防护工程前，沟头平均每年前进2 m，1955年修建沟头防护工程后，到1990年已35年，沟头不再前进。马家拐沟20世纪50年代在上游胡同中节节修筑蓄水坎，沟头修筑防护埂，分散拦蓄上游来水，遏制了沟头前进。

沟头防护工程

4.2 谷坊

早在1944年，国民政府农林部天水水土保持实验区，在甘肃省天水市大柳树沟进行试验，这条沟流域面积0.49 km²，主沟长1.35 km，平均比降17.8%，有支毛沟两条，在沟中共修柳谷坊85座。由于坡面未进行治理，洪水流量大，加上工程质量差，当年就被大部冲毁。1948年改在这条沟中修建砌石谷坊12座。1955~1957年，黄委天水水保站又在大柳树沟修建土谷坊19座，柳谷坊39座，木石谷坊3座，枝梢谷坊2座，经过洪水考验，全部保存完好。该站1953~1960年又在天水吕二沟修建柳谷坊383座，土谷坊324座，比较系统地在一条小流域内全面推广。西峰水保站1951年在南小河沟进行谷坊试验，修建柳谷坊25座，所插柳桩成活率99%，生长良好。1952~1953年，在甘肃省董志塬南部沟道推广修建柳谷坊7 888座；同时，还在南小河沟修建了大量土谷坊。此后，随着水土保持工作的广泛开展，各地先后因地制宜地修建各种形式的谷坊，治理沟壑。

由于谷坊工程小，开始时许多地方对技术重视不够，缺乏必要的规划设计，尤其在20世纪50年代后期"大跃进"中显得更为突出，很多谷坊标准低，设施不配套，工程质量差，在暴雨洪水中易遭冲毁。同时，许多地方对工程管理养护不够，也是保存率低的重要原因。如董志塬南部的柳谷坊由于无人管护，在1960~1962年期间大部被毁坏。

土谷坊

各地水保部门在实践中不断总结经验，对谷坊的修建技术提出改进办法和明确要求，促进了谷坊的进一步推广。20世纪80年代各地在开展小流域综合治理中，一般在支毛沟上游修谷坊工程，与其下游的淤地坝、小水库等结合，形成完整的坝系。

4.3 淤地坝

在沟道中筑坝淤地，变荒沟为良田，是巩固并抬高侵蚀基点，减轻沟蚀，充分利用水土资源的一项有效措施，也是建设高产稳产基本农田的一项重要内容。淤地坝在黄河中游的陕北、晋西等地有300多年历史。新中国成立以后，调查、研究和实践大量增多，人们的认识进一步提高，淤地坝得到很大发展。

黄河流域最早的淤地坝，不是人工修筑，而是天然塌方形成。明隆庆三年(1569年)，陕西省子洲县裴家湾乡王家圪洞（黄土坬），由于山坡滑塌，堵塞沟道，形成"天然聚湫"，坝高62 m，淤地53.33 hm²，集水面积2.72 km²，坝

小流域坝系

—————— 第4章　水土保持防治措施

地年年丰收，每公顷产量达到3 750 kg左右。人工修筑淤地坝，有文献可考的，最早是在明万历年间（1573~1619年）。山西省汾西县志记载"洞河沟渠下湿处，淤漫成地易于收获高产"，"向有勤民修筑"。当时的知县毛炯曾布告鼓励农民筑坝淤地，提出"以能相度砌棱成地者为良民，不入升合租粮，给以印贴为永业"。"三载间给过各里砌修成地者三百余家"。从此，筑坝淤地在汾西县得到发展。到1949年，该县已建成坝地数千亩。清乾隆八年(1743年)，陕西道监察御史胡定给乾隆上的《河防事宜条奏》中写道："黄河之沙多出自三门峡以上及山西中条山一带破涧中，请令地方官于涧口筑坝堰，水发，沙滞涧中，渐为平壤，可种秋麦。"清代中叶，筑坝淤地在山西省西部和陕西省北部一些地方也有发展。山西省洪洞县娄村一带在清光绪以前就已沟沟有坝，坝坝成田；山西省离石县佐主村回千沟的四级淤地坝和骆驼嘴华家塌沟的五级淤地坝都筑于清嘉庆以前。陕西省清涧县高杰村乡辛关村在嘉庆以前就有筑坝淤地的经验；佳县仁家村的淤地坝有160年的历史；子洲县岔巴沟、米脂县马家铺有80年以前的坝地。光绪年间，山西省离石县郝家山村农民在娘娘庙沟筑坝13座，淤地5.4 hm²。咸丰三年(1853年)柳林县贾家塬村贾本淳的祖父在该村盐土沟雇人修了四道坝，3~4年就淤成1.3 hm²坝地，以后逐年扩大到4.7 hm²，坝地小麦每公顷产量2 850 kg，谷子每公顷产量3 000 kg。光绪三年 (1877年)大旱，附近坡地颗粒未收，而贾家的坝地小麦仍每公顷产量2 100 kg，坝地丰产的事实曾轰动一时。1922年当地有钱人家雇人修大坝，没钱人家采取以工换工修小坝，淤地坝在这一地区逐渐发展起来。

新中国成立以来，在总结历史经验的基础上，把筑坝淤地作为水土保持的一项重要措施，在黄河流域（特别是黄土丘陵沟壑区）经过重点试办与示范、试验推广，淤地坝建设得到快速发展。根据2009年水利部组织的淤地坝安全大检查统计资料，截至2008年底，黄土高原地区共建淤地坝9.1万座。

4.4 梯田

清代以前，黄河流域群众在长期生产实践中，为提高粮食产量，发展农业生产，对坡耕地进行加工改造，创造了梯田。梯田的形成包括两种途径：一

水平梯田

是利用坡耕地的沟洫工程，沿等高线分布，开沟取土培埂于沟上或沟下缘，形成沟埂式的坡式梯田。二是山区农民在分户垦殖中，不同农户不同垦次之间，由于垦种能力的差异，自然留下地块塄坎，在岁岁等高耕作中因自上而下翻土、耙糖壅土、培埂淤垫，长此以往便形成台阶分明的梯田。历史上遗留下来的梯田，至民国时期在黄土阶地区的塬面上、丘陵沟壑区第三、第四副区的梁坡上，还有数百万亩，主要分布在陕西省长武、彬县、洛川、富县，甘肃省泾川、平凉、天水、定西，山西省洪洞、赵城、永济、夏县、孝义、汾阳等地。

据1957年黄委会水保处调查，山西洪洞赵城一带山丘区保留的老梯田，距今已有500多年以上的历史。民国时期，曾在甘肃天水和陕西西安两个水土保持实验区进行过沟洫梯田小范围内试验和示范。新中国成立以后，修筑梯田已作为坡耕地治理的一项很重要的工程措施，在黄河流域各地得到大面积推广。20世纪50年代初期，黄土高原地区一般是修坡式梯田（沟埂梯田），后逐步修成水平梯田，这一时期主要是示范和号召。至20世纪60年代和70年代，随着农业生产的发展，梯田建设出现了第一次高潮，规划设计和施工技术有了很多创新，积累了不少宝贵经验，梯田的修筑质量和利用管护水平都不断提高，涌现了一批像高西沟、后印斗、对岔、大寨、郝家岭、安家坡、堡子沟等先进典型。到80年代中期和90年代初，随着农村经济体制改革的日趋完善和深入，梯田建设再次掀起了高潮，出现了年修筑3.3万hm²和4.7万hm²梯田的高速度，这时机修梯田的技术已日趋完善，使梯田的标准和施工质量、效益都有了明显的进步。

4.5 蓄水工程

蓄水工程，是通过在坡面修建水窖、涝池，拦蓄降雨所产生的坡面径流。既可防止水土流失，又可解决干旱山区人畜饮水和小型灌溉或微灌用水。经过多年的治理，黄土高原地区修建水窖、涝池等小型蓄水工程176万处。

4.5.1 水窖

水窖是黄土高原地区一种常见的集聚雨水、径流的形式，在黄河流域有悠久的历史。据宁夏《平原县志》记载，同心县预旺乡在元代以前就有水窖。据调查，甘肃省境内有明代时期的水窖，距今360多年，新中国成立后水窖发展较快。水窖一般分布在干旱或苦水地区，人畜饮水困难，每年要用大量劳力下沟或到外地运水，这些地区都有"吃水比吃油难"的现象。修建水窖一是可解决人畜饮水；二是可抗旱点浇穴灌，保苗增收，发展庭院经济。

目前，水窖主要分布在山西右玉—陕西定边—宁夏同心—甘肃定西—甘肃兰州一线附近的干旱苦水地区，其次为山西乡宁—陕西洛川—甘肃西峰—甘肃平凉一线附近地下水较深的黄土高塬沟壑区及阶地区。1980年以前有些地方集体修、集体用，管理不善，损坏严

蓄水池

重。1980年农村实行联产承包责任制以后，水窖改为户修、户用、户管，发展很快，保存率也高。尤其是20世纪80年代中期水窖工程在甘肃、宁南等地得到很大发展。甘肃省政府拨出专项资金，提出建设"121"工程的口号，即一户建两个水窖，处理100 m²集流面积。据1985年统计，黄土高原已建水窖150万眼，总容水量达6 000万m³，对人畜饮水、抗旱保收、保持水土均起到了积极

作用。

4.5.2 涝池、塘坝

涝池、塘坝在黄河流域起源很早，西汉司马迁著的《史记·河渠书》中就有禹"陂九泽"。西周至春秋时期有蓄水的陂塘记载，《诗经·陈风·泽陂》中有"彼泽之陂，有蒲有荷"。宋代欧阳修著《唐书·地理志》中详列陕西关中、山西、河南等地陂塘。今陕西凤翔县城附近有一面积较大的涝池，称凤翔东湖，四周绿树成荫，环境优美，不仅蓄水为用，而且是群众游息场所。新中国成立后把涝池作为水土保持措施之一，大力推广，在高塬沟壑区和阶地区，还作为防治沟头前进的一项重要措施。甘肃省西峰市什社乡1958年涝池容量2 000多m³，供应100多户群众洗涤和建筑用水，200多头牲畜饮

塘坝

用，天旱时1~1.5 km远的牲畜都赶来饮水。肖金乡涝池拦蓄一条3 km长的"胡同"道路集水，制止了沟头前进，并常年供应当地群众洗涤及牲畜饮水。1960年8月1~2日西峰市南小河沟发生暴雨，塬面280个涝池和蓄水堰共蓄水6.99万m³，占塬面径流量的58.3%，占塬面工程总拦蓄量的78.8%；共拦泥2 602 t，占塬面冲刷量的7.4%，占塬面工程总拦泥量的84.2%，涝池成了塬面蓄水工程的骨干。由于拦蓄了塬面径流，有效地制止沟头前进，减少了沟谷侵蚀。

4.6 造林育林

西周至晚清，黄河中下游地区曾提出不少护林政策，对森林的合理利用也建立了一定的制度。春秋战国时，少数有识之士提倡人工造林，当时人工营造的主要是与人们生活关系密切的经济林。公元前220年，为军事需要，沿长城内外修筑驰道900 km，横穿陕、甘两省14个县，驰道两旁每10 m植松一株，清代陕甘总督左宗棠倡导从陕西西安至甘肃玉门，沿线夹道植柳，绵延数千里，世称"左公柳"。民国时期，在有关专家倡导下，开始把造林育林作为黄河

人工造林

封山育林

流域水土保持主要措施之一，设置专门机构，并在一定范围内组织实施。1945年国民政府农林部天水水土保持实验区，经过勘定规划和3年努力，在沟壑造林、河滩造林、柳篱挂淤方面取得较好效果。刺槐造林在天水大柳树沟沟坡种植成功，造林15.5 hm²。天水市吕二沟沟口外营建造的柳篱挂淤林带，稳定了大片荒滩，由青年学生每年植树节造林，定名为青年林，到新中国成立初期，仍有林地66.7 hm²。1950年以来，国家和地方主管部门曾多次组织大规模造林育林，其中重大行动有20世纪50年代西北五省（区）青年造林、60年代西北林业建设兵团造林、70年代"三北"防护林建设、80年代黄河沿岸青年防护林建设等。90年代以来，黄河流域的造林育林工作已得到迅速发展，截至2007年底，累计营造水土保持林1 192万hm²。

此外，新中国成立后黄河流域各省（区）在大力进行造林的同时，还积极开展了封山育林工作，取得了明显的成效，在涵养水源、保持水土、防风固沙、解决燃料、增加经济收入等方面发挥了重要作用。

4.7 种草育草

远在2 000多年前，黄河流域就有以草养田的"草土之道"。当时种植的主要为苜蓿，一是喂马，二是观赏。且苜蓿又能当蔬菜，灾

人工种草

荒之年可代粮食，还可肥田，所以很快由长安引种到塞北，遍及黄土高原。南北朝时，苜蓿已介入作物轮作的种植制度作为肥田之本。民国时期，已开始将种草作为水土保持措施，并进行草木樨、红豆草等优良牧草的引种试验和小面积推广。新中国成立初期，在甘肃天水一带广种草木樨，并改轮歇制为粮草轮作制。1952年中央农业部委托天水水保站收购草木樨种子，发送黄河流域的陕西、青海、山西、山东、河南、内蒙古等省（区）试种推广，使草木樨的种植遍及全流域。20世纪60~70年代期间，甘肃、内蒙古等省（区）还先后引进红豆草、沙打旺等优良牧草，在一定范围内推广。同时还在风沙区和黄土丘陵沟壑区开展飞播种草。80年代以来，黄河流域的人工种草发展较快，苜蓿、草木樨、沙打旺、红豆草等牧草在流域各省（区）均有种植。截至2007年底，黄河流域累计人工种草367万hm²。

4.8 水土保持耕作措施

　　水土保持耕作措施，又称保水保土耕作法，主要是在坡耕地每年结合农事耕作，采取各类改变微地形、增加地面植物被覆、增加土壤入渗措施，制止径流产生、减少土壤冲蚀，达到保水保土和提高作物产量的目的，这种措施在黄河流域部分地区有一定的推广面积。

沟垄种植

　　西周至春秋战国时期，黄河流域的群众为抗旱保墒、肥地增产，先后创造了轮作、复种、深耕等措施；汉代至魏、晋、南北朝时期，又创造了间作、套种、草田轮作等措施。这些措施分别具有改变微地形、增加地面被覆和改良土壤的功能，客观上起到保水保土的作用。民国时期，经一些专家倡导，开始进行试验和小范围推广。新中国成立后，黄河流域各地在继承古代传统耕作措施的基础上，不断推广、改进，并创造许多新的保土耕作法。常见的有等高耕作、沟垄种植、蓄水聚肥改土耕作法等。

第5章　水土保持重点治理项目

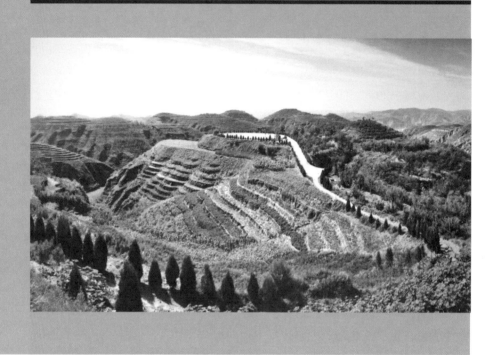

5.1 重点治理项目

　　水土保持重点治理项目包括重点支流治理项目、治沟骨干工程和水土保持示范区建设项目三种类型。

5.1.1　重点支流治理

　　为了加快黄河流域水土保持生态建设的步伐，黄河上中游管理局按照以多沙粗沙区为重点，以支流为骨架、县域为单位、小流域为单元的建设思路，于1997年在黄河流域启动了重点支流治理项目。

　　从"九五"期（1997年至2000年）4年里的，重点支流治理项目主要分布于黄河上中游地区18条重点支流及沿黄水土流失重点区，涉及青海、宁夏、甘肃、内蒙古、陕西、山西、河南、山东等8省（区）29个地（盟、市）、67个县（市、旗、区）的162条小流域和甘肃秦安、宁夏彭阳、陕西志丹、内蒙古清水河、山西芮城等5个县级示范区，总土地面积7 006.53 km²，其中水土流失面积6 506.2km²。

根据黄河上中游管理局年度统计和抽样调查结果，1998~2000年3年累计完成治理措施面积1 870.75 km²，其中基本农田44 077.70 hm²，水保林81 031.90 hm²，经济林30 713.60 hm²，种草21 149.30 hm²，封禁治理10 102.90 hm²，修建骨干坝42座，中小型淤地坝79座，小型水保拦蓄工程11 896处（座）。共完成投资25 504.98万元，其中中央投资6 055万元，地方配套6 217.28万元，群众自筹13 232.70万元。

"十五"期间，先后在21个重点支流项目区（含城郊项目区）开展了项目推进工作，项目区分布于湟水、蒲河、茹河、浑河、县川河、窟野河、无定河、昕水河、北洛河、伊洛河、大汶河等11条支流范围内，涉及黄河流域8省（区）的36个县（市、旗、区），176条小流域，以及兰州、西安、郑州和济南等四城市郊区周围的9条小流域。这批项目突出以地市设立项目区，以骨干坝为主的沟道工程建设新特点，用5年左右时间，建设了一批技术水平先进、效益显著、管理运行规范、示范效应明显的精品工程。

"十五"期间，21个项目区累计下达治理面积3 117.12 km²，其中基本农田31 951 hm²，乔木林41 868 hm²，灌木林83 447 hm²，经果林32 328 hm²，人工种草61 467 hm²，封禁治理60 651 hm²；新建骨干坝558座、淤地坝1 700座、小型水保工程28 762座（处），共下达中央投资44 716.65万元。

宁夏彭阳重点项目区

5.1.2 治沟骨干工程

1984年，为了加强黄河中游水土流失最严重的多沙粗沙区水土保持工作，经过原国家计委农水局和原水电部农水司共同研究，拟兴建水土保持治沟骨干工程，由水利部电告黄河上中游管理局（原黄河中游治理局），要求提出建设方案。同年，黄河中游治理局草拟了《黄河中游水土保持治沟骨干工程参考素材》报水利部等单位。1985年，黄河中游治理局在陕西省榆林地区召开了黄河中游水土保持治沟骨干工程规划会议，拟订了黄河中游水土保持治沟骨干工程建设方案。同年8月，国家计委[85]22号文件批复了水利部《关于将"黄土高原水土保持综合治理工程"列入国家专项计划的请示》，同意将规划中的水土保持治沟骨干工程列入"七五"计划，作为小型项目管理。11月，全国水保协调小组在西安组织评审《黄河流域黄土高原地区水土保持治沟骨干工程专项治理规划》，初步确定了治沟骨干工程建设范围、建设规模和建设目标。1986年，由黄河上中游管理局主持，黄河中游7省（区）参加编制的《黄河中游水土保

甘肃庆阳砚瓦川骨干工程

持治沟骨干工程规划》（初稿）正式提出，水土保持治沟骨干工程分近、中、远三个阶段实施，规划在多沙粗沙区兴建治沟骨干工程2万座，平均每年兴建500座。由水利部颁发了《水土保持治沟骨干工程暂行规范》（SD 175—86）。同年，首批40座水土保持治沟骨干工程建设计划下达，标志着骨干坝建设正式纳入国家基本建设项目，付诸实施。2002年以后，随着水土保持项目建设管理的日益规范，治沟骨干工程被纳入到黄河水土保持生态工程建设项目中。

"七五"期间，首先在陕西、山西、内蒙古、甘肃和宁夏5省（区）开展治沟骨干工程建设试点，共兴建治沟骨干工程322座，其中新建工程213座，配套加高工程109座，平均每年安排64座。"八五"期间，治沟骨干工程进入重点建设阶段，国家以以工代赈投资予以安排，期间共兴建治沟骨干工程532座，其中新建工程296座，旧坝配套加高工程236座，以工代赈工程331座，占

到5年安排数量的62%，平均每年安排治沟骨干工程106座，最多一年达到147座。工程布局范围由试点阶段的5省（区）扩大到黄河全流域的8省（区）。"九五"以来，治沟骨干工程发展进入到一个重要的转折阶段，治沟骨干工程成熟技术在黄土高原世界银行贷款项目、水利债券工程、扶贫工程中等得到了广泛推广，工程规模达每年200座，比"八五"期间翻了近一番，共安排骨干坝515座，占15年建设总数的37.6%，其中新建工程468座，旧坝配套加高工程43座。

5.1.3 水土保持示范区建设

5.1.3.1 示范区概况

为了给黄土高原地区大规模治理和开发提供科学依据，并在黄河上中游同类型地区树立实施样板，黄委分别于1998年和2000年启动实施了天水耤河和西峰齐家川、绥德韭园沟三个示范区建设工作。

耤河示范区项目位于甘肃省天水市，由黄委以黄规计[1999]123号审批立项实施，项目区总面积1 553 km²，包括38条小流域，累计新增水土流失治理面积为500 km²，含秦城、北道两个区的18个乡（镇），项目总投资为26 200万元，其中中央投资4 000万元，地方配套3 700万元，群众自筹18 500万元。工程建

甘肃天水耤河示范区小流域综合治理

甘肃庆阳齐家川示范区小流域综合治理

设期为6年，齐家川示范区位于甘肃省庆阳市，由黄委以黄规计[2001]23号文件批复实施，项目区总面积166.57 km²，治理面积51.83 km²，包括4条小流域，项目总投资4 337.36万元，其中中央投资2 242.87万元，地方配套957.79万元，群众自筹1 136.7万元。

韭园沟示范区位于陕西省绥德县，黄委以黄规计[2001]24号文件批复实施，项目区总面积74.65 km²，治理29.95 km²，包括韭园沟和辛店沟2条小流域，项目总投资为4 277.53万元，其中中央投资2 144.42万元，地方配套778.16万元，群众自筹1 354.95万元。韭园沟、齐家川示范区工程建设期为5年。

5.1.3.2 示范区进展情况

1）建设任务完成情况

截至2006年4月底，示范区共完成综合治理面积393.20 km²，占计划任务376.19 km²的104.52%，其中新修梯田9 039 hm²，占计划的93%；种植乔木林7 378 hm²，占计划的124%；种植灌木林3 068 hm²，占计划的82%；种植经果林

陕西绥德韭园沟示范区小流域综合治理

11 877 hm²，占计划的97%；人工种草4 164 hm²，占计划的176%；封禁治理3 794 hm²，占计划的104%；修骨干坝15座，占计划的83%；淤地坝73座，占计划的72%；小型水保工程6 670处（座），占计划的110%。

2）环境工程与苗圃建设

耤河示范区建成南郭寺旅游景区、玉泉观公园、吕二沟森林公园和麦积区北山公园等"四个景区"，提高了植被覆盖度，促进了水保生态旅游产业的综合开发；建成4个中心苗圃，占地面积96 hm²，共引进刺槐、侧柏、美国大樱桃、红提葡萄和黑提葡萄等18个品种，出圃各类苗木3 046万株。

甘肃天水耤河示范区中心苗圃

齐家川示范区建成苗圃2处，完成微灌设施、喷灌设施的建设，完成了苗圃基础设施的建设并及时投入苗木生产，

甘肃庆阳齐家川示范区新植油松

2001~2005年共出圃油松、沙棘、侧柏等苗木370.32万株，保证了项目建设用苗木的需求。

3）监测工作开展情况

耤河示范区采用跟踪监测和"3S"技术等监测方法，通过监测总站和13个监测分站的信息采集与分析，对项目区内14个乡（镇）的典型农户、典型地块有关信息、工程质量、进度与执行情况、小气候变化、土壤理化性状、林草生长量、植被覆盖度及保水保土效益等进行监测，建立了监测基础资料数据库。

甘肃庆阳齐家川示范区路边坡监测点

甘肃庆阳齐家川示范区南小河沟气象观测园

第5章 水土保持重点治理项目

陕西绥德韭园沟示范区辛店沟集雨灌溉工程

齐家川示范区布设了覆盖项目区工程措施效益监测点60个，径流灌溉效益监测户16个；重点布设了南小河沟小流域降雨、气温、空气湿度、径流泥沙、径流小区等监测体系，巩固了砚瓦川流域雨量监测站6个；进行了梯田土壤肥力、人工林地、人工草地、天然植被变化情况典型调查；每年收集整理经济社会统计资料，并与监测户进行对照，确定了相关经济技术指标。2005年9~10月，对示范区人工及天然植被变化情况进行了全面调查，开始编写监测评价报告。

韭园沟示范区开展了土壤水分、养分植被度的测定，进行小气象自动监测站建设和监测工作并完成遥测设计，同时开展土壤性质的测定。建立韭园沟等5个水沙监测站网，布设雨量站24个，测流断面7个，不同地貌类型径流场15个。在示范区内选定了好、中、差45户典型农户，农、林、牧典型地块进行社会经济状况监测和调查。

5.1.3.3 总体评价

耤河示范区是黄河流域第一个大型水土保持生态示范工程，按照"一川、两山、四景区、八条高效治理开发小流域、38条重点小流域"总体建设目标，建成一个融水土流失治理、城郊绿化、农业结构调整、观光旅游、产业开发、监测科研于一体的高示范效应精品的示范工程，成为黄河流域乃至全国同类地区水土保持大示范区建设的样板，并为黄河流域其他示范区与重点支流建设提供了新的思路和方法。

韭园沟示范区通过坝系建设，对坡面措施与沟道坝系相对稳定关系、确定小流域坝系建坝座数、最佳拦沙库容和滞洪坝高等问题进行系统分析与深入研究，完成了相对稳定坝系防洪标准研究，对小流域坝系建设模式和大规模推广，发挥了示范指导作用，韭园沟示范区王茂沟小流域开展了系统的原型观测和模型研究，为流域的水土保持科研试验和"模型黄土高原"建设提供了重要的数据支撑和决策依据。

齐家川示范区开展的南小河沟湫沟小流域完成了水土保持原型观测自动化，对流域降水、径流、泥沙、蒸发、径流场、土壤含水率等观测项目进行自动化测报，利用水库，可随时进行"模型黄土高原"野外试验，模拟黄土高原自然降水，进行实地水土流失数据资料观测，将成为"模型黄土高原"建设的重要组成部分，也为"三条黄河"建设提供可靠的数据。

三个示范区在建设过程中积极探索，大胆改革创新机制，在项目前期工作、规模治理、组织领导、三项制度、科技推广、机制创新等方面积累了很好的经验，对黄河水土保持生态工程建设管理的创新和发展，起到良好的借鉴和示范作用。

陕西彬县试点小流域

第5章 水土保持重点治理项目

5.2 小流域建设项目

5.2.1 试点小流域

5.2.1.1 简要回顾

1980年，根据水利部指示，黄委在黄河流域水土流失区开展小流域综合治理试点（以下简称试点小流域）。试点的目的，开始时主要是探索不同类型区小流域治理模式，后来逐步转向如何把治理与开发相结合，突出经济效益，调动广大干部的积极性，实现小流域的快速治理。黄河流域共开展了5期171条小流域综合治理试点（见表5-1），除在试点期转入"四大片"重点治理或其他原因终止试点的，先后验收了147条。2002年以后国家财政事业费不再安排试点小流域建设，黄河中游小流域综合治理试点也随之结束。

表5-1 黄河流域小流域试点分布情况

阶段	青海	甘肃	宁夏	内蒙古	陕西	山西	河南	山东	合计
一期				13	9	10			32
二期	2	9	2	7	12	10	3		45
三期	3	8	3	2	11	7	3	3	40
四期	3	6	3	4	6	4	4	3	33
五期	1	4	1	1	6	3	3	1	20
合计	9	27	9	27	44	34	13	7	170

注：外加新疆1条。

5.2.1.2 主要成效

已验收的黄河上中游前四期141条试点小流域，流域面积4 895.11 km²，其中水土流失面积4 558.18 km²。试点期间共完成水土流失治理面积1 725.38 km²。其中修建基本农田34 269.4 hm²，营造水保林96 480.03 hm²、经济林15 661.7 hm²，人工种草22 809.06 hm²，封禁治理3 317.6 hm²，修建谷坊、水窖、沟头防护工程等小型拦蓄工程54 837座（处）。在原治理的基础上，新增治理程度37.85%，平均年治理进度7.6%。尚未验收的第五期黄河中游20条试点小流域，总面积495.9 km²，其中水土流失面积447.7 km²，已完成治理面积111.73 km²。在已完成治理面积中，修建基本农田2 044.8 hm²，营造水保林5 221.5 hm²，经济林1 636.3 hm²，人工种草1 763.1 hm²，封禁治理507 hm²，修建谷坊、水窖等小型拦蓄工程2 098座（处）。

小流域综合治理试点的成效主要表现在以下几个方面：一是树立了一大批快速治理典型。小流域综合治理试点，在黄河流域不同类型区树立了一大批快速治理典型，试点小流域的年治理率大部分在7%~10%，有的达到13%，经济效益和减沙效益十分明显。实践证明，黄河流域水土流失虽然严重，但只要领导重视，国家给予必要的资金扶持，加上科技部门的通力合作，小流域水土流失是可以在较短的时间内得到治理的。二是试点流域水土保持经济效益突出。第三期小流域试点期末，人均产粮达到507.6 kg，人均纯收入734元，分别比黄河中游138个重点县高出26.6%和51.5%。其中有11条试点小流域年人均收入在1 000元以上。三是通过试点小流域，发展了水土保持科学。诸如在试点小流域中，修建基本农田和开发沟坡、埂坎资源，种植经济林果，促进了县域治理与经济开发；利用遥感技术、线性规划、灰色系统理论进行小流域规划；利用电子计算机，建立数据库，对试点小流域实行科学化管理；大力推广旱作农业、径流林业、聚流微灌等一系列跨学科的先进技术等，丰富和发展了水土保持学科的内涵与外延，使水土保持科学得到了发展和提高。

5.2.2　重点小流域

1997年，为贯彻江泽民总书记和李鹏总理的批示以及国务院"陕北现场会议"精神，遵照黄委的统一部署，立项实施了黄河水土保持生态工程重点小流域治理项目（以下简称为重点小流域）。

重点小流域实施以来，特别是"十五"期间，在各级党委、政府和广大干部群众的艰苦奋斗与不懈努力下，建成了一批"高效、优质、高产"的精品小流域，取得了明显的生态、经济与社会效益。在已验收的重点小流域中，有38条被评为优秀工程，有33条被评为良好工程。尤其是有23条小流域通过了全国水土保持生态环境"十百千"示范工程验收，受到了水利部、财政部的表彰。

5.2.2.1　项目基本情况

重点小流域主要分布于黄河上中游地区18条重点支流及沿黄水土流失重点地区，涉及黄河流域8省（区）111个县（市、旗、区）176条小流域。在176条小流域中，黄土丘陵沟壑区第一副区30条，第二副区14条，第三副区19

条，第四副区11条，第五副区16条；高塬沟壑区25条；阶地区11条；土石山区39条；风沙区4条；干旱草原区7条。176条小流域的总面积6 582.85 km²，其中水土流失面积5 971.41 km²。根据重点小流域治理的初步设计，项目实施期间，计划新增综合治理面积3 065.28 km²，兴修淤地坝191座、其他小型水保拦蓄工程19 734处（座）。

5.2.2.2 项目执行情况

据2005年底统计，重点小流域在"十五"期间累计完成初步治理面积1 959.01 km²，占计划下达任务2 046.78 km²的95.71%，其中完成基本农田27 916.36 hm²，占计划的96.02%；水土保持林91 471.66 hm²，占计划的96.67%；经果林29 518.94 hm²，占计划的98.95%；种草19 588.57 hm²，占计划的93.88%；封禁治理27 405.12 hm²，占计划的90.47%；建成中小型淤地坝142座，占计划的83.63%；小型水保工程13 817座（处），占计划的108.94%。

5.2.2.3 项目实施管理评价

1）组织实施情况

重点小流域启动实施后，项目区各级行政和业务主管部门高度重视，把重点小流域建设作为改善生态环境、促进当地经济发展的重点工程来抓，有力推动了项目建设。各县成立了项目实施领导小组，由分管县长任组长，县水利局局长和所涉及的各乡（镇）乡（镇）长任副组长，有关业务部门和工程技术负责人为成员。从规划、设计到施工，实行行政领导承包责任制，从上到下层层签订责任状，并将此作为领导干部政绩考核的主要内容之一。项目领导小组负责协调解决资金、物资、劳力等方面的具体问题；计划财政部门筹措资金，保证项目建设需要；农林部门结合产业结构调整，建立优质种苗基地，提供优质种苗；水利、水保部门加强治理技术指导，项目区所在的有关乡（镇）积极配合，形成了各司其职、各负其责，主管部门具体抓、有关部门配合抓的良好工作局面。同时，各小流域成立了相应的施工组织，统一调配机械，统一安排人员。建立严格的管理、施工和验收制度，严格执行技术规程，规范施工程序，保障了工程质量，为项目的顺利实施奠定了良好的组织基础。

2）监理工作

"十五"期间，重点小流域均开展了施工监理工作，各建设单位分别与西安黄河工程监理有限公司和黄河工程咨询监理有限公司签订了项目监理合同，其中青海、甘肃、宁夏、内蒙古、陕西、山西等6省（区）的重点小流域由西安黄河工程监理有限公司承担项目监理工作。监理合同签订后，西安黄河工程监理有限公司及时在各省（区）组建了"黄河水土保持生态工程项目监理部"，如期进驻项目区开展监理。监理人员主要采取巡回监理和旁站监理相结合的办法对工程进行监理。

3）技术档案

各重点小流域的建设单位、实施单位和监理单位从项目规划、批复到实施，所有涉及项目建设的规划、设计、施工、管理、监理等技术文件、原始资料都能及时建档，档案资料比较齐全、系统规范，由专人管理，满足了项目建设管理的需要。

5.2.3 沙棘资源建设

5.2.3.1 沙棘资源建设的回顾

早在20世纪60年代，黄委的天水、西峰水土保持科学试验站及一些地方的水土保持试验站，就对沙棘在水土保持方面的作用进行过调查研究与宣传推广，旨在利用它较耐干旱、耐寒、耐瘠薄的生物学特性，解决生态环境严格条件下的水土流失和群众的燃料困难问题。

到1988年前后，山西省吕梁地区一些县，在水土保持工作中，利用野生沙棘林内的根蘖苗造林，成活率高，生长快，很受地方干部群众欢迎。在沙棘成林后，一些地方小型加工厂，利用沙棘果制成了沙棘饮料、沙棘果酱等初级产品，投放市场后，也因其具有独特的风味而受到市场青睐。之后，随着科

山西吕梁沙棘林

内蒙古鄂尔多斯沙棘治理砒砂岩

研机构与大、中型企业的参与，又相继开发出了具有高附加值的沙棘油和以沙棘油为原料的医药品、化妆品、食品、保健品等，引起了各级领导和广大干部群众的高度重视。水利部、黄委、流域内各省（区）水保部门先后成立了沙棘开发利用协调办公室（以下简称沙棘办），加大了沙棘推广的力度。到21世纪初，黄河上中游的沙棘林面积已累计达到1.3万多km^2，不少地方已形成规模。

5.2.3.2 沙棘示范区建设

黄委沙棘办为了推动黄河上中游地区沙棘的资源建设，20世纪80年代后期，在黄河流域不同类型区布设了7大片、16个县的沙棘示范区。这7片示范区分别是内蒙古砒砂岩裸露地种植区、甘肃中部半干旱残塬丘陵沟壑种植区、晋西北沙棘放牧林及沙棘篱种植区、陕西盐碱滩地和风沙地种植区、青海东部高寒地种植区、宁夏南部半干旱黄土丘陵种植区、黄河河口盐碱区湿地种植区。从1989年开始，计划通过5年，推广种植沙棘10万hm^2，以积累经验，示范群众，推动黄河流域沙棘资源建设的快速发展。

1993年，黄委沙棘办又安排了新一轮示范区建设任务，把示范区建设扩大到黄河上中游的6个省（区）31个县（市、旗、区），并制定了《沙棘示范规划设计方案及技术要点》、《黄河流域沙棘示范区建设管理办法》等，进一步把示范建设推向了新阶段。截至1998年，通过5年的努力，31个县示范区共完成沙棘种植6.08万hm^2，保存面积5.26万hm^2。其中，吴起县（原吴旗县）、镇原县、右玉县、彭阳县和准格尔旗等示范区被水利部评为全国沙棘种植先进县。

5.2.3.3 砒砂岩裸露区种植沙棘获得成功

内蒙古自治区伊克昭盟的砒砂岩地区，受严酷的自然条件的影响，加之过度的土地使用，植被破坏殆尽，沙质和泥质基岩大面积裸露，土地沙化严重，被称为"地球上的月球"。土壤侵蚀模数达30 000 t/（km^2·a）以上，最高超过60 000 t/（km^2·a），是黄河上中游风蚀和水蚀剧烈的多沙粗沙区。这里严重的水土流失，不仅对黄河下游是一个很大的威胁，而且给当地群众的生产生活带来很大危害。长期以来，由于这一带许多地方土地质量下降，不少群众已到了无地可种、无草可牧的境地，丧失了起码的生存条件，成了"环境难民"。

1990年，全国沙棘工作会议以后，黄委又增加投资力度，批准实施"沙棘治理砒砂岩项目"，加快沙棘造林速度，扩大种植范围。项目的规划范围700 km^2，设计造林小班2 000多个，联片分布在准格尔旗、东胜区和达拉特旗的8个乡（镇）。由于各级领导重视，群众积极性高，管理严格，掌握了一套行之有效的造林技术措施，两三年时间就推广种植2万hm^2，形成了具有相当规模的示范区。1991年伊克昭盟遭受了特大旱灾，持续100 d无雨，一些树草死亡，农作物大幅度减产，但当年种植的沙棘苗成活率仍在75%以上。

1993年，全国沙棘办在东胜市召开全国沙棘资源建设现场会，与会代表参观了东胜市郊区和准格尔旗在砒砂岩裸露区种植的大面积沙棘林，感到惊奇，倍受鼓舞。这次现场会后，在黄河上中游水土流失区又一次掀起了种植沙棘的新高潮，东胜沙棘示范区在推动沙棘资源建设中起到了重要作用。

1995年，为探索改革投资机制，加快发展砒砂地区的沙棘种植。在经过一段深入细致地现场考察后，黄河上中游管理局决定与伊克昭盟水土保持办公室一起实施"砒砂岩地区千条沟工程"计划。该项工程计划涉及伊克昭盟砒砂岩地区400 km^2，共选了约1 000条支毛沟，实行投资方、实施方、管护方股份合作制，提高投资效益，走出了一条颇具特色的种植沙棘的新路子。

沙棘治理砒砂岩区水土流失的成功经验，引起了国家有关方面的高度重视。经国家发展改革委员会批准立项，由水利部沙棘开发管理中心组织实施晋陕蒙砒砂岩区沙棘生态工程。该工程建设期13年（1998~2010年），项目区涉及晋陕蒙接壤区10个县（旗、区），总面积3.2万km^2，计划发展沙棘53万hm^2，从1998年起，砒砂岩区每年种植 3.3万hm²以上。

5.3 亮点工程——淤地坝

关于淤地坝的基本情况已在本书第4章第4.3节和本章治沟骨干工程部分进行了介绍，本节仅就淤地坝的分布、成效加以论述。

5.3.1 淤地坝的现状分布

中华人民共和国成立后，经过水利水保部门总结、示范和推广，淤地坝建设得到了快速发展。大体经历了四个阶段：20世纪50年代的试验示范，60年代的推广普及，70年代的发展建设和80年代以来以治沟骨干工程为骨架、完善提高的坝系建设阶段。自从2003年淤地坝被作为水利部"三大亮点"工程之一启动实施后，淤地坝进入大规模发展的新时期。

宁夏西吉车路沟淤地坝

根据2009年水利部组织的淤地坝安全大检查统计资料，截至2008年底，黄土高原地区共建设淤地坝91 093座，其中骨干坝5 509座，中小型淤地坝85 584座（见表5-2）。

表5-2　截至2008年底黄河流域黄土高原地区分省（区）淤地坝建设汇总

省（区）	淤地坝（座）				总库容（万m³）	拦泥库容（万m³）	控制面积（km²）
	小计	骨干坝	中型淤地坝	小型淤地坝			
青　海	574	154	97	323	10 333	6 620	624
甘　肃	1 465	508	372	585	45 570	23 636	2 651
宁　夏	1 117	347	324	446	51 439	20 747	3 850
内蒙古	2 376	735	517	1 124	96 944	50 153	4 006
陕　西	38 951	2 555	9 045	27 351	593 071	450 044	14 804
山　西	44 575	1 032	590	42 953	213 782	152 695	5 418
河　南	2 035	178	289	1 568	25 107	14 235	1 319
总　计	91 093	5 509	11 234	74 350	1 036 245	718 129	32 672

注：控制面积指骨干坝控制面积。

5.3.2　淤地坝的作用和效益

"沟里筑道墙，拦泥又收粮"，这是黄土高原地区群众对淤地坝作用的高度概括。淤地坝在拦截泥沙、蓄洪滞洪、减蚀固沟、增地增收、促进农村生产条件和生态环境改善等方面发挥了显著的生态、社会效益和经济效益。当地群众形象地把淤地坝称为流域下游的

山西汾西康和沟坝地种粮

"保护神"，解决温饱的"粮食囤"，开发荒沟、改善生态环境的"奠基石"。

5.3.2.1　拦泥保土，减少入黄泥沙

黄河泥沙主要来源于黄河中游黄土高原的千沟万壑。修建于各级沟道中的淤地坝，从源头上封堵了向下游输送泥沙的通道，在泥沙的汇集和通道处形成了一道道人工屏障。它不但能够抬高沟床，降低侵蚀基准面，稳定沟坡，有效遏制沟岸护张、沟底下切和沟头前进，减轻沟道侵蚀，而且能够拦蓄坡面汇入沟道内的泥沙。据有关调查资料，每淤1 hm² 坝地平均可拦泥沙：大型淤地坝为13.08万t，中型淤地坝为10.08万t，小型淤地坝为5.15万t。尤其是典型坝系，

拦泥效果更加显著。据对内蒙
古准格尔旗西黑岱小流域坝系
调查，该流域总面积32 km²，
从1983年开始完善沟道坝系建
设，到目前建成淤地坝38座，
累计拦泥645万t，已达到泥沙
不出沟的效果。延安市已建成
的1.14万座淤地坝已累计拦蓄

内蒙古准格尔旗川掌沟坝地苗圃

泥沙17亿t，相当于全市境内6年输入黄河的泥沙总量。

5.3.2.2 淤地造田，提高粮食产量

淤地坝将泥沙就地拦蓄，使荒沟变成了人造小平原，增加了耕地面积。同时，坝地主要是由小流域坡面上流失下来的表土淤积而成，含有大量的牲畜粪便、枯枝落叶等有机质，土壤肥沃，水分充足，抗旱能力强，成为高产稳产的基本农田。据黄委绥德水土保持科学试验站实测资料，坝地土壤含水量是坡耕地的1.86倍。据黄土高原7省（区）多年调查，坝地粮食产量是梯田的2~3倍，是坡耕地的6~10倍。坝地多年平均产量4 500 kg / hm²，有的高达10 500 kg / hm²以上。山西省汾西县康和沟流域，坝地面积占流域总耕地面积28%，坝地粮食总产却占该流域粮食总产量的65%。据统计，黄土高原坝地面积占总耕地面积的9%，而坝地粮食产量则占总粮食产量的20.5%。特别是在大旱的情况下，坝地抗灾效果更加显著。据陕西省水土保持局调查资料，1995年陕西省遭遇历史

特大干旱，榆林市横山县赵石
畔流域有坝地106.67 hm²，坡耕
地1 666.67 hm²，坝地每公顷产
粮均在4 500 kg以上，而坡耕地
每公顷仅150 kg，坝地单产是
坡耕地的30多倍。因此，在黄
土高原区广泛流传着"宁种一
亩沟，不种十亩坡"、"打坝
如修仓，拦泥如积粮，村有百

陕西绥德韭园沟坝下鱼塘

亩坝，再旱也不怕"的说法。

5.3.2.3 防洪减灾，保护下游安全

以小流域为单元，淤地坝通过梯级建设，大、中、小结合，治沟骨干工程控制，层层拦蓄，具有较强的削峰、滞洪能力和上拦下保的作用，能有效地防止洪水泥沙对下游的危害。1989年7月21日，内蒙古准格尔旗皇甫川流域普降特大暴雨，处在暴雨中心的川掌沟流域降雨118.9 mm，暴雨频率为150年一遇，流域产洪总量1 233.7万m³，流域内12座治沟骨干工程共拦蓄洪水泥沙593.2万m³，缓洪514.8万m³，削洪量达89.7%，不但工程无一损坏，还保护了下游260 hm²坝地和340 hm²川、台、滩地的安全生产，减灾效益达200多万元。甘肃省庆阳县崭山湾淤地坝建成以后，下游80户群众财产安然无恙，道路畅通，40 hm²川、台地得到保护。仅该坝保护的川、台地年人均纯收入就达1 680元，使烂泥沟变成了"聚宝盆"。

陕西无定河流域退耕还草

5.3.2.4 合理利用水资源，解决人畜饮水

淤地坝在工程运行前期，可作为水源工程，解决当地工农业生产用水和发展水产养殖业。对水资源缺乏的黄土高原干旱、半干旱地区的群众生产、生活条件改善发挥了重要作用。甘肃省环县七里沟坝系平均每年提供有效水资源160多万m³，常年供给厂矿企业，并解决了附近4个行政村7 000多头（只）牲畜的用水问题。"十年九旱"的定西县花岔流域，多年靠窖水和在几十里外人担畜驮解决人畜饮水，通过坝系建设，不仅彻底解决了水荒，而且每年还向流域外调水50多万m³，发展灌溉133余hm²。

淤地坝通过有效的滞洪，将高含沙洪水一部分转化为地下水，一部分转化为清水，通过泄水建筑物，排放到下游沟道，增加了沟道常流水，涵养了水源，同时对汛期洪水期起到了调节作用，使水资源得到了合理利用。据黄委绥

德试验站多年观测，陕西绥德县韭园沟小流域坝系形成后，人、畜数量增加一倍多，发展水地180多 hm²，沟道常流水不但没有减少，反而增加了2倍多。

5.3.2.5 优化土地利用结构，促进退耕还林还草和农村经济发展

淤地坝建设解决了农民的基本粮食需求，为优化土地利用结构和调整农村产业结构、促进退耕还林还草、发展多种经营创造了条件。昔日"靠天种庄园，雨大冲良田，天旱难种田，生活犯熬煎"的清水河县范四夭流域，坚持以小流域为单元，治沟打坝，带动了小流域各业生产，2001年流域人均纯收入达1 970元，电视、电话、摩托车等高档产品也普遍进入寻常百姓家。绥德县王茂庄小流域，有坝地26.67多 hm²，在人口增加、粮食播种面积缩小的情况下，粮食总产却连年增加，使大量坡耕地退耕还林还草，土地利用结构发生了显著变化，耕地面积由占总面积的57%下降到28%，林地面积由3%上升到45%，草地面积由3%上升到7%。坝地面积占耕地面积的15%，产量却占流域粮食总产的67%。实现了人均林地2.4 hm²，草地0.33 hm²，粮食超500 kg。环县赵门沟流域依托坝系建设，累计退耕还林还草216.67 hm²，发展舍饲养殖1 575个羊单位，既解决了林牧矛盾，保护了植被，又增加了群众收入。目前，黄土高原区已涌现出一大批"沟里坝连坝，山上林草旺，家家有牛羊，户户有余粮"的山庄。

5.4 水土保持生态修复试点

5.4.1 黄河流域水土保持生态修复试点开展情况

自2001年水利部提出"加强封育保护，充分发挥生态自我修复能力，加快水土流失防治步伐"的新思路以来，黄委及流域各省（区）在加强水土保持综合治理的同时，注重封育保护，开展水土保持生态修复，先后于2002年、2004年和2005年组织实施了3批33个项目区的生态修复试点工程，涉及青、甘、宁、蒙、陕、晋、豫、新8省（区）的30个县（旗、区），封育保护面积2 300多km²。

黄委及试点项目区各级人民政府紧紧围绕影响当地生态的主要因素，着眼于解决好群众生产生活问题，把水土保持生态修复建立在封得住、不反弹的扎

实基础上，如许多试点区都是从解决群众粮食、饲料、燃料、肥料以及其他生产生活设施开始生态修复工作的；着重于生态修复制度、模式、技术路线、管护机制和政策等方面的探索，采取行政、经济和法律等多种措施予以推动，取得了丰富的经验。许多地方以政府名义出台了相关政策文件，从制度上保证了生态修复工作的顺利推进，如陕西、青海、宁夏3省（区）政府发布了实施封山禁牧的决定，山西、内蒙古、甘肃、河南4省（区）的36个地（市、盟）、168个县（旗、区）出台了封山禁牧政策；着力于充分发挥各级政府的组织协调职能，整合辖区内生态修复试点、扶贫、退耕还林、生态移民等项目，对于促进试点健康发展和扩大试点成果进行了卓有成效的尝试。

5.4.2　黄河流域水土保持生态修复的主要措施及试点实施效果

5.4.2.1　生态修复的主要措施

根据各地的实践，水土保持生态修复的主要措施是：加强监督和管理，改变粗放落后的生产经营方式，禁止乱采滥挖，防止过度放牧；科学合理安排生态用水，恢复植被，保护绿洲和湿地；实行舍饲养殖、轮封轮牧、生态移民、封禁育林育草、退耕还牧、休牧还草，通过生态自我修复，恢复其生态功能；开展牧区水利建设，建设高质量的饲草料基地，调整畜

围栏封禁保护草场

群结构，发展集约化、可持续发展的畜牧业；推广新型能源，实施能源替代工程，改善农村燃料结构等。

5.4.2.2 生态修复试点的效果

生态修复试点实现了有效遏制水土流失、改善农村生产生活条件和改善生态环境等预期目标，取得了显著成效，加快了水土流失防治步伐。

1）植被盖度显著增加，生态环境明显改善

修复试点区的造林成活率、保存率和综合效益明显提高，灌草萌生速度明显加快，种群数量增加，植被盖度尤其是自然植被的盖度大幅度提高，生态环境明显改善。据监测资料，各项目区林草覆盖率提高幅度达到25%~40%，多数项目区的林草覆盖率达到了50%~70%，一、二期试点的23个项目区覆盖率在30%以下的植被面积减少了81%，覆盖率在60%以上的植被面积扩大了5.86~2.9倍。山变绿、水变清，沙尘暴危害降低，小气候更适宜于动植物

封育两年的塔拉滩草场

发展，动物种类、数量明显增加。新疆若羌项目区自然植被覆盖率从项目实施前的20%提高到了45%，野生动物由7种增加到12种，出现了野鸭、鹅喉羚等5种新的动物。

2）土壤侵蚀强度降低，蓄水保土效益明显

地表植被的增加和地被物的快速形成，有效遏制了水土流失，降低了土壤侵蚀强度，增强了蓄水保土、滞洪削洪和涵养水源的功能。据监测资料，一、二期试点项目区每年可减少水土流失量419万t。甘肃省定西市安定项目区年均径流模数1.2万m³/km²，与当地多年平均径流模数2.2万m³/km²相比减少了1万m³/km²，蓄水效益达45.9%；年均土壤侵蚀模数2 101 t/km²，与当地多年平均土壤侵蚀模数5 845 t/km²相比减少了3 744 t/km²，保土效益达64.1%，每年可增加蓄水76万m³，减少输沙20.66万t。

3）农业生产结构改善，经济社会快速发展

农业生产结构改善、经济社会快速发展，主要表现在三方面。一是各试点区坡耕地退耕的力度加大，基本农田、林地和草地面积增加，农林牧业用地

结构趋于合理。二是种植业和养殖业结构发生变化，引发农村产业结构调整，拓宽了农民收入的渠道。种植业向粮食作物、经济作物和饲草作物多元化和高产优质、高效化种植方向发展，试点区26%的劳动力从土地中解放出来，从事劳务输出或转向二、三产业。如甘肃省华池县大力推广地膜覆盖、集雨节灌、配方施肥等新技术，开发杏果、白瓜子、大棚蔬菜等，使农民纯收入得到大幅度提高；牧业生产由自由放牧转向舍饲圈养、科学养殖，养畜农户增多，畜种改良步伐加快，出栏时间缩短，出栏率、商品率及养殖效益提高。据统计，试点区发展人工种草1 409 hm²，建设示范养殖圈舍544座，大力发展人工种草扶持舍饲养殖业。根据调查，陕西省志丹项目区每只放养羊价值80元，而舍饲羊每只价值为200元，是放养羊的2.5倍。甘肃省通渭项目区通过舍饲养殖使牧业产值由343.18万元提高到1 146.82万元，占总产值的17.3%。

宁夏隆德清流河小流域中药材引种基地

宁夏西吉车路沟小流域温棚种植香菇

山西乡宁示范小流域葡萄生态园

三是试点实施能源替代工程，促进了节柴灶炕、沼气、太阳能等新型农村生活能源的推广。甘肃、宁夏和陕西项目区的沼气、太阳能等新型农村生活能源全面推开，宁夏隆德项目区沼气、太阳能的普及率已达到70%，青海湟中、山西岢岚和甘肃华池项目区1/3的农户用上了沼

——————————— 第5章　水土保持重点治理项目

气。农村新能源的推广可节约70%的作物秸秆，有效解决了因燃料缺乏而带来的植被破坏，实现了保护生态与改善群众生活条件的有机结合。

4）生态修复的理念得到社会各界的广泛接受，群众生态保护意识普遍增强

试点区地方各级人民政府把生态修复作为水土保持生态建设的重要内容和实现经济社会可持续发展的战略措施强力推进，封山禁牧、封坡育草、保护植被、善待自然、充分发挥大自然的自我修复作用的理念，被越来越多的农牧民群众所接受，对试点区群众思想观念的更新产生了深刻的影响，群众生态保护意识明显增强，改变了"荒坡共有，随意放牧"的传统观念，树立了"舍饲圈养，为养而种"的新观念；改变了"自给自足、广种薄收"的旧观念，树立了"精耕细作、市场、科技、效益"新观念。试点的成功经验在周边地区得到了推广，促进了大面积生态修复工作的开展。宁夏隆德项目区以围促退、保护六盘山水源涵养林的做法在县委、县政府的高度重视下列为全县农村工作的重点大力推广；甘肃安定项目区封山禁牧实施生态修复快速恢复植被的经验为定西市生态建设探索了一条成功的路子；山西岢岚项目区种草养畜和舍饲养殖的经验的推广为该养羊大县实施"以草为本发展养殖，为养而种牧农结合"发展战略发挥了重要作用。

5.5 利用外资项目

20世纪90年代以后，随着改革开放的深入，水土保持引进外资取得新进展，进一步扩大了治理资金的来源。据不完全统计，黄河中游各地先后引进了10多个水土保持外资项目，为拓宽水土保持投资渠道开辟了新途径。其中1993年开展的黄土高原水土保持世行贷款项目是我国首次利用国际金融机构贷款开展的一项规模浩大的水土保持建设项目。2004年实施的英国赠款中国小流域治理管理项目，是一个以引进推广先进工作方法和理念，研究探索全新的管理模式为主要目的的研究型外资赠款项目。

同时，由林业部门引进外资用于黄河中游水土流失区治理的项目，还包括"黄河中游防护林建设项目"和"河南黄河中游生态公益林建设项目"，两项目均由日本政府提供无偿援助或贷款，分别在宁夏、山西风沙区、黄土高原残

垣沟壑区和河南黄河中游水土流失区开展防护林建设。其中第一期黄河中游流域防护林建设项目（2000~2002年）已结束，第二期黄河中游流域防护林建设项目2003年启动，至2008年10月结束；河南黄河中游生态公益林建设项目已于2006年实施，项目建设期5年。项目建成后，将有利于黄河中游的水土保持和防治沙漠化，进而改善周边生态环境。

本节将重点对黄土高原水土保持世行贷款项目和英国赠款中国小流域治理管理项目作一简要介绍。

5.5.1 黄土高原水土保持世界银行贷款项目

5.5.1.1 项目实施情况

黄土高原水土保持世界银行贷款项目是我国水利系统首次利用外资开展的一项水土保持建设项目。已经建成的一、二期项目区涉及陕西、山西、甘肃、内蒙古4省（区）的14个市、48个县（旗），总面积3万km²，其中水土流失面积2.8万km²。一期项目1991年开始前期准备，1994年正式生效实施，实施期8年；二期项目1997年开始准备，1999年正式实施，实施期6年。两期项目共利用世行贷款3亿美元，其中软贷款2亿美元，加上国内配套，总投资42亿元人民币。截至2005年底，一、二期项目建设任务均已顺利完成并通过了世界银行组织的竣工验收，取得了显著的经济、社会效益和生态效益，得到了世界银行和国家有关部门的高度评价，被誉为世界银行农业项目的"旗帜工程"，并荣获2003年度世界银行行长杰出成就奖。

5.5.1.2 项目成效

世界银行贷款一期项目累计治理水土流失面积49万hm²，其中建设基本农田10万hm²，果园经济林6万hm²，造林23万hm²，种草10万hm²，2002年9月通过竣工验收；二期项目累计治理水土流失面积43万hm²，其中建设基本农田9万hm²，果园

黄土高原水土保持世界银行贷款项目区

经济林6万hm²，造林17万hm²，种草6万hm²，天然草场封育5万hm²，2005年9月通过竣工验收。两期项目共修建骨干工程258座，淤地坝1 353座，修建谷坊等小型水保工程5 400多处，在保护恢复黄土高原生态环境、减少入黄泥沙、实施区域经济与环境的可持续发展方面进行了有益的尝试，发挥了显著的作用。

1）经济效益

通过项目建设，项目区内高标准基本农田面积大幅增加，土地生产率有较大提高，农民收入稳定增加。截至2001年底，一期项目区粮食总产量由43万t增加到70万t；农民人均粮食由378 kg增加到532 kg，人均纯收入由实施前的306元提高到1 263元。截至2004年底，二期项目区粮食总产量由72.6万t增加到126.5万t；果品和经济林果产量由27.6万t增加到88.2万t；油料产量由4.3万t增加到6.7万t；经济作物产量由13.1万t增加到33.4万t。通过对项目实施以来各种统计和监测资料的分析看出，二期项目实施期末，项目区农业总产值由实施前的30.9亿元提高到76.8亿元，增长了1.5倍；农民人均纯收入由实施前的585元提高到1 624元，增加了1.8倍；人均粮食由365 kg增加到591 kg。经济效益十分明显，农、林、牧各业生产有了长足的发展。同时，农业生产力水平提高，农民生活质量改善，

水土流失得到有效遏制，农村基础设施得到改善，为该地区经济社会可持续发展奠定了良好的基础。

2）社会效益

项目建设使项目区农、林、牧用地比例得到调整并趋于合理，促进了坡耕地大面积退耕还林还草。尤其是二期项目实施后，高标准的基本农田面积增加，大量坡耕地退耕还林还草，促进了牧、副业及小型加工和运输等各业的蓬勃发展，区内社会经济和生态环境发生了显著变化。各种等级道路里程由32 516 km增加到40 702 km；农村通电村数由3 265个增加到3 434个，通电户由48万户提高到60万户；适龄儿童入学率由90%提高到了96%；有216万人解决了饮水问题，较项目实施前增加了65万人；农村劳动力利用率的提高，为农民从事非农业性生产和外出打工创造了条件，农民从事非农业劳动的收入由326元增加到563元，占农民人均收入的近1/3，收入结构有了较大变化，提高了农民恢复生产的弹性能力。同时，妇女作为农村劳动力的主要组成部分，参与了项目实施整个过程，其经济能力和社会地位有了显著提高；农村医疗院所数量增加，医疗卫生条件改善。农业生产力水平的提高，使农民生活质量改善，农村经济得到较快发展。

通过项目实施，广大项目管理人员得到良好的技术培训和实践锻炼，提高了工作能力与管理水平。据初步统计，一、二期项目实施以来，各级项目机构组织对项目区农民的培训已超过30多万人次，使项目区农民生产技能和综合素质明显提高，并为其今后持续增加生产效益创造了条件，为农村依靠科技致富、奔小康奠定了良好的基础。同时，通过项目实施规范了管理行为，培养了一大批项目管理人才，提高了项目实施与管理水平，并通过对项目实施成效和做法的广泛宣传交流，扩大了项目影响。

3）生态效益

项目实施促进了大面积退耕还林还草和封育保护，项目区地面植被得到良好恢复，植被覆盖率大幅提高，改善了各种野生动植物的生存栖息环境，促进了生物多样性发展，成功实践和集中体现了"人与自然和谐相处"及充分利用自然修复功能的水利工作新理念。随着项目的实施，项目区严重的水土流失得到初步治理。实施期末，一期项目区累计治理措施面积占到水土流失面积的55.24%，年保土能力达到5 700万t，较项目评估时增加了3 800万t。林草面积由43.9万hm²增加至76.7万hm²，新增32.8万hm²；林草覆盖率由17.8%提高到41.1%，治理程度由20.98%增加到55.24%。二期项目区林草面积由33.8万hm²增加至67.1万hm²，林草面积占总面积比例由17%提高到33%，措施面积占水土流失面积比例由27.1%增加到50.6%，生态环境得到明显改善，各项治理措施年保土能力达到5 337万t，较项目评估时增加了2 817万t。各种治理措施有效的保土固沙，减轻风沙危害，调节河川径流，减少水土流失，改善生态环境，增强了区域生态抗灾能力。

5.5.2　英国赠款小流域治理管理项目

2004年，在黄土高原水土保持世界银行贷款项目成功实施的基础上，由英国政府国际发部（以下简称DFID）提供赠款，世界银行管理，水利部组织实施，在黄土高原水土保持二期世界银行贷款项目区甘肃省的崆峒、静宁、环县、华池4县（区）实施了"英国赠款中国小流域治理管理项目"（以下简称CWMP）。由DFID提供赠款494.8万英镑，项目实施期为2003年7月1日至2008年7月31日。经过4年实施，项目已总结验收。

5.5.2.1　项目目标及特点

CWMP项目的主要目标是总结并完善黄土高原世界银行贷款项目的监测评价体系，研究以扶贫为重点的可操作的最佳流域治理模式，在中国以及国际类似项目中推广。项目特别注重在规划与实施过程中引进使用参与式等全新的理念和方法，提高水土保持项目管理水平和实施效果，探索可持续流域管理的有效方法和模式。

CWMP项目作为一个以引进推广先进工作方法和理念，研究探索全新的管理模式为主要目的的研究型外资赠款项目，具有以下几方面的特点。

1）应用参与式工作方法

参与式方法就是变传统的"自上而下"为"自下而上"，使发展主体——流域内的社区和农户积极、主动、全面地参与到项目的选择、规划、实施、监测、评价、管理中来，分享项目成果和收益，并贯穿于项目实施始终。

2）强调可持续生计途径

CWMP项目强调在流域治理和生态恢复项目中通过参与式方法的应用，从增加农民生存的手段和加强农民生活的支持体系来理解"生计"这一概念，在项目规划和实施中注重加强项目在帮助农民建立有效的可持续

甘肃华池樊庄小流域村民代表大会

生计方面的功能和效益，通过可持续生计途径促进社区发展，特别是帮助社区中贫困和弱势群体公平发展。在项目规划实施过程中，强调"以人为本"的理念，把人作为发展的核心，分析确定项目发展的目标、范围和重点，从而增强流域治理和生态恢复项目的减贫效果，提高农户特别是贫困弱势群体抵御应对疾病和自然灾害等事件影响的能力，在拓宽农户可持续生计途径、促进农户和社区可持续发展的基础上，推动可持续流域管理目标的实现。

3）加强部门协作和资源整合

项目注重在小流域规划和示范实施中，发挥地方政府的协调作用，强调通过县域内各相关部门的协作和已有资源（项目）的整合，在项目实施中注重发挥地方政府的协调作用，支持地方政府积极地将各方资源、知识、能力协调起来，为各部门、社区、群众团体和其他的服务机构的有效合作提供可行的政策和环境，实现各部门资源共享，使流域内相关的项目、资金、资源在统一的规划指导下，围绕统一的项目目标，发挥项目和资金的最大效益，帮助农户减贫、改善生产生活条件、推动流域和社区可持续发展。

4）倡导社区主导式管理和发展

CWMP项目在示范工程的建设实施过程及后期管理中，倡导社区主导式管理和发展的理念，注重通过参与式的项目规划和实施过程，培养社区自主管理、自我发展能力。运用参与式的工作方法，帮助社区建立有效的能够为社区服务的社区自助管理组织。在示范工程实施过程中，建立由社区农户民主推举

产生的实施管理小组、财务管理小组、监测评价小组，分别负责示范项目的实施、财务管理和监测评价。由农民自主制定工程建设实施计划、采购计划，自主管理项目建设资金，自主监测监督，保证项目实施的公平透明、资金使用安全及项目实施质量与效果。同时也锻炼和提高了社区、农户的能力，为实现社区、农户的可持续发展管理奠定了基础。

5）建立完善的监测评价体系

CWMP项目在黄土高原水土保持世界银行贷款项目监测评价体系的基础上，针对监测评价体系中存在的不足，经过大量的研究、探索、实践，提出了一套较为完整的可用于水土保持监测评价的体系、指标和方法。该体系在全面监测评价水土保持生态、社会、经济效益的同时，着重增加了农户参与、贫困弱势群体参与、生物多样性、项目减贫和可持续发展等方面的指标，并完善了相应的评价方法，可以作为今后其他类似项目开展全面监测评价工作的参照。

5.5.2.2 CWMP项目进展和主要成果

1）开发完善的监测评价体系

围绕项目"开发完善的监测评价体系"目标，组织开展了一系列相关活动。在由世行组织的"监测评价体系开发"成果的基础上，针对黄土高原水土保持监测评价工作的薄弱环节，相继开展了水沙监测、生物多样性监测、贫困与生计监测等监测项目，为提高黄河流域乃至全国水土保持监测评价整体水平，设计实施了"黄河流域水土保持生态监测能力建设"活动，完成了阶段工作任务并取得了相应成果。

2）最佳治理模式的总结和开发

"最佳模式开发"作为项目的核心内容之一，2006年顺利完成了参与式小流域规划工作，编制完成了华池县樊庄、环县高沟、崆峒区甲积峪、静宁县北岔4条示范小流域实施规划，并在示范流域内开展了资源整合、部门协作机制的初步探索。2007年初，全面开展了以社区为主导的示范工程建设，完成了示范项目《参与式财务管理手册》、《参与式实施管理手册》、《参与式监测评估手册》的编写，用以规范和指导项目示范实施工作的开展。同时在4条示范流域中倡导并开展了社区主导的监测评价工作。

3）宣传推广

大力宣传推广项目相关成果和理念，是项目三大目标之一。随着项目各项活动的全面开展，按照宣传推广计划的整体安排，各级项目机构积极组织开展了各种宣传推广活动。完成了"中国水土保持生态功能补偿机制研究"、"中国水土保持与农村可持续发展研究"、"水土保持对水文水资源与水环境影响研究"和"黄土高原生态建设项目的运行管理机制和可持续发展保障研究"四项相关政策研究，这些研究对促进我国水土保持工作相关政策法规的完善，提高水土保持管理工作效率，加速水土保持项目成果管护和可持续运行管理机制的建立，具有重要的参考和借鉴作用。

第6章 水土保持预防监督

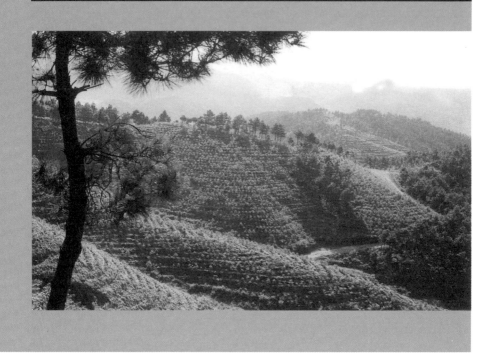

　　黄河流域的水土保持预防保护与监督管理工作可以追溯到很早以前，但有组织、有计划、有目的地开展水土保持预防保护与监督管理工作却只有20多年的历史。20多年来，黄河流域的水土保持预防保护与监督管理工作经历了监督执法局部试点、全面展开和规范化建设等重要发展阶段。目前，已初步建立起了水土保持法律法规、水土保持监督执法和水土保持技术服务三大体系，形成流域管理与区域管理相结合的管理模式，对整体推进流域水土保持工作发挥了十分重要的作用。

6.1 预防保护

6.1.1 组织与模式

经过20多年的水土保持预防保护与监督管理工作，黄河流域的水土保持监督管理组织和人员得到了完善与发展，特别是经过多年经常性的业务培训与实践，水土保持监督管理人员的业务素质和能力不断提高，目前已建立了由流域水土保持局、处（水土保持直属支、大队），省（区）水土保持局、处，地市水土保持局、科（监督总站），县旗水利、水务或水土保持局（监督站）和乡村水土保持专职监督员组织的水土保持监督执法组织体系，初步形成了流域管理与区域管理相结合的水土保持预防保护和监督管理模式。据不完全统计，全流域目前有各级监督机构300余个，监督检查员和管理员8 000余人。

6.1.2 水土保持预防保护

"预防为主，保护优先"是我国水土保持工作的一贯原则。黄河流域在做好开发建设人为水土流失预防的同时，开展了国家级重点预防保护区监督管理与预防保护典型示范工作、省级重点预防保护区监督管理与预防保护典型示范工作，并先后在辖区内8省（区）开展了较大规模的水土保持生态修复试点，推动了全流域水土保持预防保护工作的深入开展。

6.1.2.1 重点预防保护区的范围

黄河流域的国家级重点预防保护区有黄河源保护区、子午岭保护区和六盘山保护区。其中黄河源保护区地处青藏高原的东北部，涉及青海省、甘肃省和四川省的6个州（市）的16个县，面积13.16万km^2。子午岭保护区位于北洛河与马莲河中上游地区，涉及甘肃省、陕西省的4个地（市）的13个县（区），面积0.75万km^2。六盘山保护区位于泾河与渭河的分水岭地带，涉及甘肃省、宁夏回族自治区、陕西省的4个地（市）的11个县（市），面积1.59万km^2。

黄河流域各省（区）根据自己的实际情况，把侵蚀模数在2 500 t/（km^2·a）以下、地表植被覆盖率在40%以上、水土流失轻微的地区划为省（区）级预防保护区，涉及流域内105个县，面积11.04万km^2。黄河流域国家级和省（区）级重点预防保护范围见表6-1。

表6-1 国家级和省(区)级重点预防保护区范围

预防保护区	级别	面积(万km²)	涉及行政区		
			省(区)	地(市、州)	县(旗、区)
黄河源保护区	国家级	13.16	青海	玉树	曲麻莱
				果洛	玛多、玛沁、甘德、达日、久治
				海南	同德、兴海、贵南、共和
				黄南	泽库、河南
			甘肃		
			四川	阿坝	阿坝、红原、若尔盖
子午岭保护区	国家级	0.75	甘肃	庆阳	正宁、宁县、合水、华池
			陕西	延安	志丹、安塞、甘泉、宝塔、富县、黄陵
				铜川	宜君、耀县
				咸阳	旬邑、淳化
六盘山保护区	国家级	1.59	甘肃	平凉	平凉、华亭、崇信、张家川、清水
			宁夏	固原	固原、隆德、泾源
			陕西	宝鸡	陇县、宝鸡
秦岭及关山保护区	省级	0.83	陕西	西安	蓝田、长安、户县、周至、临潼
				宝鸡	眉县
				渭南	潼关、华阴、华县
				商洛	洛南
				咸阳	陇县、千阳
黄龙山及桥山保护区	省级	0.75	陕西	延安	黄龙、黄陵、甘泉、志丹、宜川、富县、宝塔
				铜川	宜君
太行山、中条山、关帝山及芦芽山保护区	省级	0.42	山西		沁源、安泽、洪洞、霍州、浮山、古县、介休、平遥、垣曲、阳城、沁水、降县、夏县、中阳、汾阳、离石、岢岚、交城、方山、文水、交口、石楼、宁武、神池、五寨、静乐
泾河、渭河上游保护区	省级	1.32	甘肃	庆阳	正宁、宁县、合水、华池
				天水	清水、渭源、北道、甘谷、武山、漳县
甘南保护区	省级	3.19	甘肃		碌曲、岷县、康乐、夏河、临潭、玛曲、卓尼、临夏、积石山、和政
海南、海北及海东保护区	省级	2.95	青海		尖扎、同仁、祁连、门源、海晏、湟源、湟中、大通、西宁、平安、互助、循化、化隆、乐都、民和
鄂尔多斯、河套保护区	省级	0.85	内蒙古		杭锦后旗、五原、乌拉特前旗、临河
贺兰山、大罗山及云雾山保护区	省级	0.07	宁夏		平罗、贺兰、银川、永宁、同心、固原
豫西伏牛山、豫北王屋山保护区	省级	0.66	河南		三门峡湖滨区、陕县、灵宝、渑池、卢氏、义马、新安、宜阳、洛宁、嵩县、栾川、沁阳、博爱、济源

6.1.2.2 重点预防保护区的目标与任务

1）重点预防保护区的目标

重点预防保护区防治目标是：按照"预防为主，管护优先"的工作原则，加强重点预防保护的监管力度，保护好现有林草植被，禁止在25°以上的坡地开垦种植农作物，禁止毁林毁草开荒。禁止在水源涵养地、森林、天然林区、草原（场）植被覆盖率在40%以上且面积大于20 km^{2}和治理程度达70%以上的小流域进行开发建设。依法保护森林、草原、水土资源，对有潜在侵蚀危险的地区，积极开展封山育林、封坡育草、轮牧禁牧，坚决制止一切人为破坏现象，减少人为因素对自然生态系统的干扰，防止产生新的水土流失，发挥林草植被的生态功能。建立健全管护组织，积极开展宣传和管护政策的调查研究。

2）重点预防保护区的任务

重点预防保护区的工作任务是：开展预防监督工程和预防保护试点示范工程建设，近期建立预防管护示范区面积4 200 km^2；加强重点预防保护区监管，建立健全管护组织，形成自上而下的管护体系，积极开展宣传和管护政策的调查研究，制定预防保护管理制度与政策；加大保护现有植被的力度，严格限制森林砍伐，禁止毁林毁草、乱砍滥伐、过

《水土保持法》宣传

度放牧和陡坡开荒。依法保护森林、草原、水土资源，对有潜在侵蚀危险的地区，积极开展封山育林、封坡育草、轮牧禁牧，使已有水土保持治理成果得到维护、巩固和提高；坚决查处乱砍乱伐等违法案件，制止一切人为破坏现象，减少人为因素对自然生态系统的干扰，防止产生新的水土流失；定期开展人为水土流失普查和"三区"防治措施落实的检查工作，流域机构与地方监督监测部门联合建立10个水土流失动态监测站点。跟踪项目进展情况，监测其生态、

社会、经济效益等。

3）重点预防保护区的主要工作

近年来，由于黄河源、子午岭和六盘山保护区不合理的农林牧业利用、随意挖山采药、开山采石、毁林毁草、破坏植被等人为活动加剧，带来了十分严重的生态问题。黄河源区出现了来水量减少、河道断流、植被退化、鼠害增加、雪线上升、湖面下降、湿地及湖泊调蓄功能萎缩等生态恶化问题。子午岭和六盘山林缘线平均后移10~20 km。

（1）黄河源区水土保持预防保护工程。为加强源区保护工作，黄委启动了黄河源区水土保持预防保护一、二期工程，通过建立监督执法体系，预防保护体系，遏止人为破坏，运用预防管护手段有效地促进了生态环境的自我修复。工程实施以来，地方政府重视，成立了监督执法队伍，培训了执法人员，制定了配套法规，落实了预防管护措施，在交通和人口密集区设立了醒目的藏、汉文水土保持宣传标语牌，开展了水土保持生态保护示范区建设。据2006年一期项目验收资料，黄河源区已建立县级监督站15个，配备监督执法人员76名，完成水土保持生态保护试点面积55 km^2。

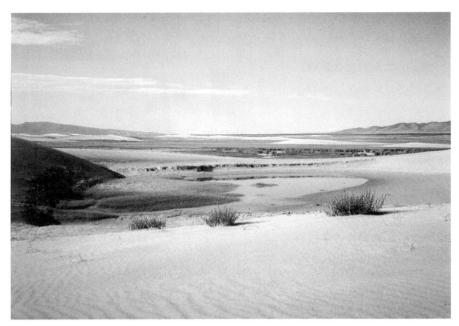

黄河源区草原退化、湖泊萎缩

（2）重点预防保护区基础调查与研究工作。在重点开展黄河源区预防保护工作的同时，黄委加强了水土保持预防保护基础调查和研究工作，组织召开了"黄河源区径流及生态变化研讨会"，发动40名专家代表为黄河源区径流与生态变化、水文与水资源监测、水土保持生态保护献计献策；开展了"水土保持治理成果管护情况调查"、"重点保护区水土流失情况调查"、"子午岭地区水土流失情况调查"、"六盘山地区水土流失情况调查"等调查研究工作；应用遥感影像资料开展了"子午岭保护区区域界定"和"六盘山保护区区域界定"工作；近期在修编《黄河治理规划》时组织完成了"黄河上游地区水土保持生态监测规划"和"黄河上游地区水土保持水资源保护规划"两个专题规划。

（3）水土保持预防保护典型示范工程。近期修编的《黄河流域治理规划》对水土保持预防保护典型示范工程进行了规划，拟在子午岭、六盘山保护区，选择宁夏固原、甘肃长庆和平凉、陕西延安等建立4个预防管护示范区，示范面积3 200 km^2，建设期限为2010~2015年；在省级重点预防保护区选择40个县（旗、区）作为省（区）级预防保护示范，示范面积5.45万 km^2，建设期限为2010~2015年。国家级水土保持重点预防保护示范区由流域机构组织相关省、地共同承建，制定管护政策、管理管护经费、建立管护队伍、落实管护责任、开展定期检查，不断探索水土保持预防保护示范区管理的有效措施；省（区）级水土保持重点预防保护示范区由省、地共同承建，制定管护政策、建立管护队伍、落实管护责任，接受流域机构的监督检查。通过预防保护典型示范区建设，为水土保持预防保护区管理提供经验和模式。水土保持重点预防保护区见表6-2。

表6-2　水土保持重点预防保护示范区

示范区	涉及县（旗、区）	试点面积（km^2）	建设单位
子午岭保护区庆阳示范区	正宁、宁县、合水、华池	1 000	流域机构甘肃、庆阳
子午岭保护区延安示范区	志丹、安塞、甘泉、黄陵、富县、宝塔区	2 000	流域机构陕西、延安
六盘山保护区固原示范区	隆德、泾源、固原	700	流域机构宁夏、固原
六盘山保护区平凉示范区	庄浪、华亭、崇信、平凉	500	流域机构甘肃、平凉

续表6-2

示范区	涉及县（旗、区）	试点面积（km²）	建设单位
甘南保护区示范区	碌曲、岷县、康乐、夏河、临潭、玛曲、卓尼、临夏、积石山、和政	3.19	甘肃
黄龙山与桥山保护区示范区	黄龙、黄陵、甘泉.志丹、宜川、富县、宜君、宝塔区	0.75	陕西
鄂尔多斯与河套保护区示范区	杭锦后旗、五原、乌拉特前旗、临河	0.85	内蒙古
豫西伏牛山与豫北王屋山保护区示范区	三门峡湖滨区、陕县、灵宝、渑池、卢氏、义马、新安、宜阳、洛宁、嵩县、栾川、沁阳、博爱、济源	0.66	河南

6.2 执法督察

根据《水土保持法》等法律法规及水利部《关于加强大型开发建设项目水土保持监督检查工作的通知》（办水保〔2004〕97号）要求，黄委在全国率先开展了开发建设项目水土保持情况调研工作，颁布了《黄河流域及西北内陆河地区大型开发建设项目水土保持督察办法》，建立了程序规范的大型开发建设项目水土保持督察制度和报告制度，连续7年组织开展了黄河流域及西北内陆河地区国家大型开发建设项目水土保持暨各省（区）开发建设项目水土保持监督执法情况督查。

6.2.1 项目督察的内容、方法与程序

水利部《关于加强大型开发建设项目水土保持监督检查工作的通知》（办水保〔2004〕97号）和黄委《黄河流域及西北内陆地区大型开发建设项目水土保持督察办法（试行）》对开发建设项目督察的内容、方法与程序都作了具体的规定。

6.2.1.1 确定年度督察项目的主要原则

黄委确定年度督察项目按以下主要原则进行：前次督察以来部批水土保持方案的大型开发建设项目；前几次督察中存在问题较多的开发建设项目；新开工的开发建设项目；地方水行政主管部门督察存在问题较多的开发建设项目；水利、水电、火力发电、铁路、煤炭、石油、化工、公路、输变电路等不同类

型代表性的开发建设项目。

6.2.1.2 项目督察的主要内容

开发建设项目水土保持
督察的主要内容是：开发建
设项目扰动地表、破坏地表
植被、造成水土流失情况；
水土保持方案及相关设计编
制、审批和实施情况；水土
保持监理、监测工作开展情
况；水土保持补偿费、防治
费缴纳情况；水土保持设施

水土保持监督执法

验收情况；各级水行政部门监督检查与技术服务情况；其他与水土保持相关的
情况。

6.2.1.3 项目督察的主要方法和程序

开发建设项目水土保持
督察的主要方法和程序是：
根据相关资料对年度督察、
跟踪督察项目进行摸底；向
省（区）级水行政主管部门
及开发建设单位下发督察通
知文件和开发建设项目水土
保持报告制度表；开发建设
单位填写和报送开发建设项
目水土保持报告制度表；确

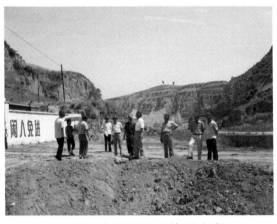

山西兴县煤矿项目水土保持现场督察

定现场督察对象，组织现场督察组，开展现场督察；提出年度督察报告。

6.2.1.4 项目现场督察的主要方法和程序

开发建设项目水土保持现场督察的主要方法和程序是：向有关各方下发水
土保持督察通知书文件；分别听取建设、施工、监理和监测单位相关水土保持
工作的汇报；查阅相关的水土保持方案报告书、水土保持后续设计、水土保持

工程施工记录、水土保持投资审计报告、竣工验收报告、监理报告、监测报告等；进行现场检查和相关人员询问调查；与建设单位座谈，形成初步督察意见或督察意见主体；形成督察意见或座谈会议纪要；向建设单位送达督察意见通知书。

甘肃大型生产建设项目水土保持督察座谈会

6.2.2　黄河流域及西北内陆河地区历年督察情况

黄河流域及西北内陆河地区大型开发建设项目呈逐年递增的趋势。2004年，黄委首次开展了13个大型开发建设项目的水土保持督察；2005年，重点督察对象为水利部20世纪90年代后期批复水土保持方案的165个国家大型开发建设项目，现场督察113个项目；2006年，重点督察对象为2005~2006年期间审批动工和2005年已开展督察且需要继续跟踪督察的180个国家大型开发建设项目，现场督察107个项目；2007年，重点督察对象为2006~2007年期间审批动工

和2005~2006年已开展督察且需要继续跟踪督查的384个国家大型开发建设项目，现场督察98个项目。截至2010年底，共督察702个大型开发建设项目。其中火力发电、煤炭矿产、公路工程、铁路工程和水利水电项目占全部督察

甘肃张掖电厂厂区绿化

项目的86.39%。历年督察项目的行业分布见表6-3。

表6-3 国家大型开发建设项目督察行业分布

行业	2004年	2005年	2006年	2007年	2008年	2009年	2010年	合　计
水利水电	2	18	15	11	5	9	2	62
火力发电	4	54	43	33	31	24	31	220
煤炭矿产	3	10	15	23	29	29	42	151
铁路工程	1	4	3	11	18	23	12	72
公路工程	2	15	15	10	9	49	17	117
油气管线	1	7	8	5	5	2	2	30
输变线路	0	0	4	2	1	6	7	20
其他工程	0	5	4	3	4	8	6	30
合　计	13	113	107	98	102	150	119	702

注：其他工程包括建筑材料、建筑工程、化工工程和有色金属等。

6.2.3　开发建设项目督察的意义与作用

黄河流域及西北内陆河地区面积367.8万km²，涉及新疆、青海、四川、甘肃、宁夏、内蒙古、陕西、山西、河南、山东等10省（区）。这一地区有著名的塔克拉玛干沙漠、库布齐沙漠、毛乌素沙地、黄土高原等，生态环境脆弱，以风力、水力、重力、冻融等为动力的自然水土流失极为严重，同时由于区内蕴藏着丰富的煤炭、石油、天然气、有色金属等矿产资源，资源开发及配套公路、铁路、城镇等基础设施建设造成的人为水土流失也十分严重。水土流失不仅造成河流与水利设施的严重淤损，而且制约了区域经济、社会与生态的和谐发展。通过督察，获取开发建设项目的基础资料、掌握开发建设项目水土保持的情况，对全面落实开发建设水土保持"三同时"制度，有效控制自然和开发建设造成的人为水土流失，积极探索科学管理开发建设项目的制度、方式和方法，促进资源开发与区域经济、社会、生态的协调发展具有十分重要的作用。

通过连续4年督察工作，及时发现、纠正和解决了开发建设项目水土保持方案编制与审批、水土保持工程建设与管理、水土保持设施运行与管理等过程中存在的一些问题；开发建设单位执行水土保持法律法规、自觉防治开发建设造成水土流失的意识明显提高；开展水土保持工程后续设计、监理和监测工作的比例逐年增加。2005年开发建设项目开展水土保持工程后续设计、监理和监测工作的比例均为25%，而2007年这一比例分别达到43%、50%和45%；开发建设项目主体工程施工中普遍采取了临时水土保持措施，水土保持规费征收和水土保持设施验收工作取得了一定的进展；各级水行政主管部门监督管理和技术服务的行为进一步规范，监督管理和技术服务的能力不断提高。实践证明，以流域机构为核心开展水土保持监督管理、流域管理与区域管理相结合的管理模式是目前最佳、最有效的开发建设项目水土保持监督管理模式。

6.3 开发建设项目中人为水土流失防治措施

黄河流域的开发建设项目类型繁多，每类项目的结构组成和生产流程各有特点，项目分布地区的地貌类型、自然条件和水土流失特点千差万别，因此开发建设项目中的水土保持防治措施自然有很大的区别。开发建设项目应遵循"水土保持设施必须与主体工程同时设计、同时施工、同时投产使用"，在防治责任范围内"分类指导，分区防治"的原则，开发建设人为水土流失防治措施体系是根据开发建设项目类别、防治责任范围、防治分区、防治目标、防治指标及其防治标准的具体情况确定的。

6.3.1 开发建设项目的分类

为科学预测开发建设造成的水土流失和布设水土流失防治措施，通常将开发建设项目以平面布局分为点型工程和线型工程，以水土流失发生的时限分为建设类项目和建设生产类项目。点型工程包括发电工程、采矿工程、冶金化工工程、城镇建设工程、水利水电工程、农林开发工程等；线型工程包括公路工程、铁路工程、管道工程、堤渠工程、输变电工程等。建设类项目的水土流失主要发生在建设过程中，建设期完成投产后水土流失逐渐减少且趋于稳定，不再增加新的水土流失，如公路、铁路、输变电项目、管道项目、水利水电项目和城镇建设项目等；建设生产类项目在生产建设和运行期都将产生水土流失，如采矿项目在生产运行中要产生大量的剥离物、排弃物或矸石，燃煤站项目在生产运行中要产生大量的粉煤灰、石膏等废弃物，冶金化工项目在生产运行中需要建设大量的赤泥库和尾矿库等。开发建设项目以平面布局分类见图6-1。

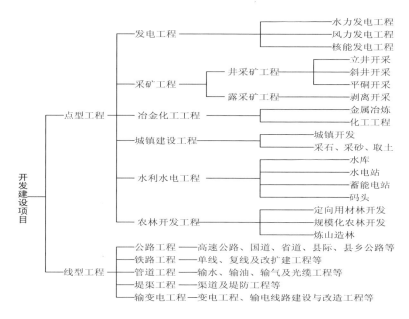

图6-1 开发建设项目按防治措施平面布局分类

6.3.2 防治责任范围及其划分

防治责任范围是开发建设项目人为水土流失防治责任范围的简称，指依据法律法规的规定和水土保持方案，开发建设单位或个人对其开发建设行为可能造成水土流失必须采取有效措施进行预防和治理的范围，亦即开发建设单位或个人依法承担水土流失防治义务和责任的范围，同时也是水行政主管部门对开发建设项目依法进行监督检查和管理的范围。

防治责任范围是在现场查勘、调查研究、多方协商的基础上依法科学确定的。一般情况下，根据工程建设的具体特点，水土流失防治责任范围包括项目建设区和直接影响区。项目建设区主要指生产建设扰动的区域，包括开发建设项目的征地范围、占地范围、用地范围及其管理范围；直接影响区指在项目建设区以外，由于工程建设，如专用公路、临时道路、高陡边坡削坡、渠道开挖、取料、堤防工程等，扰动土地的范围可能超出项目建设区（征占地界）并造成水土流失及其直接危害的区域。

6.3.3 防治目标、指标及其标准

结合水土流失重点防治区划分和区域综合治理规划要求，建设运行安全、

功能稳定和功效持续的水土保持设施，对项目区原有和新增的水土流失进行预防与治理，最大限度地保护防治责任范围内的生态，促进水土资源的可持续利用和生态系统的良性发展。国家关于开发建设人为水土流失的防治标准制定了扰动土地整治率、水土流失总治理度、土壤流失控制比、拦渣率、林草植被恢复率和林草覆盖率6个定量指标。

开发建设项目水土流失防治标准的等级可按开发建设项目所处水土流失防治区划分法（简称"防治区法"）确定，或按开发建设项目所处地理位置、水系、河道、水资源及水功能等划分法（简称"功能区法"）确定。按两种划分方法确定的防治标准执行等级不同时，按下列规定执行：当所处区域涉及两个标准等级时，采用高一级标准；点型项目采用同一个标准等级，线型项目分段确定标准等级。开发建设项目防治标准执行等级划分及适应范围见表6-4，开发建设项目水土流失防治标准见表6-5。

表6-4 开发建设项目防治标准执行等级划分及适应范围

防治标准	一级标准	二级标准	三级标准
防治区法	国家级重点预防保护区、国家级重点监督区、国家级重点治理区和省级重点预防保护区	省级重点监督区省级重点治理区	除一、二级标准涉及区域外的区域
功能区法	重要江河湖泊的防洪河段、水源保护区、水库周边、生态功能保护区、景观保护区、经济开发区等直接产生重大水土流失影响，并经水土保持方案论证确定为一级防治标准的区域	重要江河湖泊的防洪河段、水源保护区、水库周边、生态功能保护区、景观保护区、经济开发区等直接产生较大水土流失影响，并经水土保持方案论证确定为二级防治标准的区域	除一、二级标准涉及区域外的区域

表6-5 开发建设项目水土流失防治标准

项目		一级标准			二级标准			三级标准		
		A	B	C	A	B	C	A	B	C
建设类项目	扰动土地整治率(%)	*	95	/	*	95	/	*	90	/
	水土流失治理度(%)	*	95	/	*	85	/	*	80	/
	土壤流失控制比	0.7	0.8	/	0.5	0.7	/	0.4	0.4	/
	拦渣率(%)	95	95	/	90	95	/	85	90	/
	林草植被恢复率(%)	*	97	/	*	95	/	*	90	/
	林草覆盖率(%)	*	25	/	*	20	/	*	15	/

项目		一级标准			二级标准			三级标准		
		A	B	C	A	B	C	A	B	C
建设生产类项目	扰动土地整治率(%)	*	95	>95	*	95	>95	*	90	>90
	水土流失治理度(%)	*	90	>90	*	85	>85	*	80	>80
	土壤流失控制比	0.7	0.8	0.7	0.5	0.7	0.5	0.4	0.5	0.4
	拦渣率(%)	95	98	98	90	95	95	85	95	85
	林草植被恢复率(%)	*	97	97	*	95	>95	*	90	>90
	林草覆盖率(%)	*	25	>25	*	20	>20	*	15	>15

注：A代表施工期；B代表试点运行期；C代表生产运行期；"/"表示不存在；"*"值根据工程施工进度确定。

6.3.4　防治措施体系

开发建设项目的水土流失防治，应控制和减少对原地貌、地表植被、水系的扰动和破坏，保护原地表植被、表土及结皮层，减少占用水、土资源，提高水、土资源利用效率。对开挖、排弃、堆垫的场地必须采取拦挡、护坡、截

山西寺河矿工业场地护坡

第6章　水土保持预防监督

排水以及其他整治措施。对弃土、弃石和弃渣等应优先考虑综合利用，不能利用的应集中堆放在专门的存放地，并按"先拦后弃"的原则采取拦挡措施，不得在江河、湖泊、建成水库及河道管理范围内布设弃土、弃石和弃渣场。在施工过程中必须有临时防护措施。施工迹地应及时进行土地整治，采取水土保持措施，恢复其利用功能。布设开发建设项目水土流失防治措施时，应结合工程实际和项目区水土流失现状，因地制宜、因害设防、总体设计、全面布局、科学配置。按照"分类指导，分区防治"的原则，在布设分区防护措施时，既要

郑州至洛阳段大型弃（土）渣挡渣墙干砌石护坡

弃土场绿化

甘肃靖远煤业弃渣场护坡工程

山西方山矿井综合开发项目区店坪矿井区拦矸坝

注重各分区的水土流失特点及相应的防治措施、防治重点和要求，又要注重防治分区的关联性、系统性和科学性。一般情况下，开发建设项目防治分区区分点型项目和线型项目而按一级或两级进行分区。由于点型项目涉及的区域相对集中，地貌类型和水土流失类型可能比较单一，防治分区只按项目的结构和工艺组成划分，如某抽水蓄能电站的防治责任分区仅有一级分区，分为枢纽区、渣场区、施工公路区、施工营地场地区、水库淹没区和移民安置区；由于线型项目战线一般较长，涉及的地貌类型和水土流失类型可能比较多，一级分区一般按不同地貌类型或土壤侵蚀类型划分，二级分区按项目的结构和工艺组成划分。如某线型工程经过黄土高原地区，一级分区划分黄土丘陵沟壑区、黄土高原沟壑区和风沙区，也可划分为以水力侵蚀为主的地区、以风力侵蚀为主的地区和水蚀风蚀交错地区，而其二级分区则为路基工程防治区、场外公路防治区、铁路专用线防治区、排矸场防治区、桥涵工程防治区、生产生活防治区。在上述一级或二级防治分区的基础上，一般再把水土保持防治措施分为工程措施、植物措施和临时措施三类，最终形成完整的水土保持防治措施体系。

第7章 水土保持监测

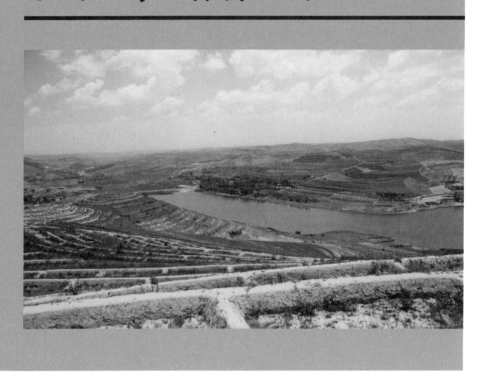

　　黄河流域水土保持监测可以追溯到20世纪40年代，50年代以后开始在不同类型区设站布点，观测不同地类、不同水土保持措施条件下的水土流失情况，到20世纪80年代中期，开始利用"3S"技术开展水土保持措施调查和水土流失普查，20世纪90年代以来，相继开展了黄土高原水土保持世界银行贷款项目的监测评价、黄土高原水土流失动态监测、黄河流域水土保持遥感普查项目、黄土高原淤地坝监测、黄河流域重点支流水土保持遥感监测等监测项目，取得了一系列重要成果，并在生产中得到应用。通过全国水土保持监测网络和信息系统工程以及黄河流域水土保持监测系统一期工程建设，已初步建成了以黄河水土保持生态环境监测中心、黄河流域省区水土保持监测总站、水土流失重点区监测分站和县级监测站点组成的黄河流域水土保持监测网络系统。

7.1 黄河流域水土保持监测发展概况

20世纪40年代初，我国第一个水土保持科学试验站在甘肃天水建立。此后，黄河流域相继建立了黄河水利委员会西峰水土保持科学试验站、绥德水土保持科学试验站和中科院西北水保所、兰州水保站、山西水保所、延安水保所等一批水土保持试验机构，针对黄土高原不同土壤侵蚀类型，开展了长期的水土流失观测试验。取得了不同地类、地形、耕作方式上较为系统的降水、径流、输沙资料，以及不同水保措施和标准小区相关径流泥沙资料。其中，黄委天水水土保持科学试验站重点针对黄土丘陵沟壑区第三副区、西峰水土保持科学试验站主要针对黄土高塬沟壑区、绥德水土保持科学试验站主要针对黄土丘陵沟壑区第一副区开展观测。截至2005年，天水水土保持科学试验站积累标准小区径流泥沙资料343个区年、小流域径流泥沙资料89个站年、雨量资料516个站年；西峰水土保持科学试验站50年来已取得220个站年的资料、368个场年的资料，另外还积累了降水资料1 000多个站年；绥德水土保持科学试验站的韭园沟流域，1954年设站，1970年中断，1974年恢复，现已有40多年的降雨、径流泥沙整编资料。宁夏水土保持站已有285个站年的小区径流泥沙测验资料。其他试验站也都积累了相当多的资料。

多年来的连续观测积累了丰富的资料，研究探索了水土流失规律、土壤侵蚀模型、不同类型区治理模式、综合治理效益观测等关键技术，为水土流失治理提供了技术和经验，为水土保持监测提供了方法。

随着"3S"技术的发展和应用，水利部、黄委先后于20世纪80年代初和90年代末，利用遥感技术对黄河流域水土保持进行了两次普查，不仅基本查清了当时水土流失的情况，而且探索了遥感技术在开展大范围水土保持调查方面的技术和方法。

20世纪90年代以来，黄土高原水土保持世界银行贷款项目开展了监测评价工作，为水土保持生态项目的监测积累了经验。

1998~2003年，由黄河上中游管理局组织实施的水利部"948"项目（黄土高原严重水土流失区生态农业动态监测技术引进项目），引进了国外先进的监测技术和设备，大大地提高了水土流失动态监测的自动化水平。

2003年以来，总结历史上水土保持观测、动态监测和"3S"技术应用的经验，初步建成了黄河流域水土保持监测网络系统。

2005年开始，监测系统一期工程初步建成，开始应用于实际生产中。组织实施了重点支流水土保持监测、黄土高原淤地坝水土保持监测、大型开发建设项目水土保持监测、监测技术研究（国家支撑课题、水利部公益课题）等项目。

7.2 黄河流域水土保持监测的目的和意义

7.2.1 开展黄河流域水土流失动态监测与公告的需要

开展流域水土流失动态监测并予以公告是水土保持法律法规赋予流域机构的重要职责。同时，《水土保持生态环境监测网络管理办法》和《全国水土保持预防监督纲要》也明确要求每年对重点项目水土流失动态进行公告，每5年对重点地区进行一次公告，每10年公告一次全国水土流失状况。

为全面履行水行政主管部门的职责，面对黄河流域水土保持生态环境监测地域广阔、类型多样的现状，必须充分利用遥感、地理信息系统、全球定位系统和计算机技术，依托现代空间信息技术和水土保持科学技术，建立一套先进、实用、规范的水土保持生态环境监测系统，才能快速、准确、连续地获取水土流失现状及水土流失动态监测数据，从而定期向社会公告，满足社会对水土保持的知情权。

7.2.2 黄河水土流失监测预报模型建设的需要

长序列监测数据是"模型黄土高原"和水土流失预测预报模型研究必要的基础。监测数据的准确性、系列性、全面性，将直接影响模型建立的准确性和适应性。为达到原型观测数据采集的及时性、准确性、科学性、连续性，必须在现有原型观测设备的基础上改善数据采集和传输手段，降低人为因素对观测数据的影响，提高水土流失因子数据的系列性，更好地为建立预测预报模型提供数据基础。

为了探索水土流失规律，开展水土保持措施综合配置和治理效益等方面的研究，黄河水利委员会自20世纪50年代初就已建立了天水、西峰、绥德水土保持科学试验站，按照"纵向对比，平行对比，以及大流域套小流域，综合套单项"的指导思想，布设了一系列的典型小流域、坡面径流泥沙测验场，进行降雨、径流和泥沙等项目的水土流失试验分析。半个多世纪以来，这项长周期基础性试验研究取得了丰富的观测资料，在水土流失规律研究方面取得了一定成果。

近年来，随着社会经济的持续发展、黄河治理的客观需求及水土保持科学研究的不断深入，都对水土保持定位观测工作提出了新的更高的要求。为全面提升水土流失试验分析能力和水平，满足黄河流域水土保持生态建设的技术需求，现已对部分水土流失监测基础设施和仪器设备进行更新与改造。为了能进一步提高定位观测数据采集精度，数据采集密度、观测站网趋于合理，必须在现有设备基础上加大自动化观测程度，实现测站与监测分中心的无线数据传输，使定位观测由单一、原始的人工观测，复合为综合、多元化、记录传输自动化为一体的现代化小流域定位观测，以适应新形势下水土流失规律研究工作的要求，为水土流失预测预报服务。

7.2.3　黄河调水调沙技术设计与试验的需要

调水调沙是治理黄河的重大举措，科学的设计方案离不开准确的基础数据支持。黄河中游河龙区间的河道水沙观测、重点支流的拦沙工程建设、水土保持生态工程效益的发挥等情况的及时了解掌握并科学预测，是制定调水调沙设计方案的重要基础。

为了探索黄河中游多沙粗沙区水土流失及水土保持治理对黄河泥沙的影响，构建黄河水沙调控体系模型和实施方案，指导多沙粗沙区水土保持治理，为水土保持效益分析提供依据，从2002年黄委陆续在黄河中游多沙粗沙区开展水土保持监测工作，目前已开展了皇甫川、孤山川的监测工作，通过开展监测工作，将及时获取重点支流水土流失状况、水土流失治理效果和人为水土流失等相关信息，掌握区域水土保持现状和变化情况，为水土保持科学研究提供基础数据，为制订水土流失防治方案、评价防治效果提供科学依据，为调水调沙工程提供及时可靠的相关信息服务支持。

7.2.4　国家重点水土保持工程效果评价的需要

目前，正在实施的黄河上中游水土保持重点防治工程、黄土高原地区淤地坝工程、晋陕蒙砒砂岩区沙棘等生态工程，属全国立项实施的国家重点水土保持生态建设工程。此外，国家在多沙粗沙区实施了黄河水土保持生态工程、黄土高原水土保持世界银行贷款项目、国家水土保持重点治理工程（八片）、生态建设重点县项目、砒砂岩沙棘生态建设和淤地坝建设等水土保持工程，使多沙粗沙区的水土流失治理取得了较显著的成效。虽然20世纪90年代末期水利部和黄委陆续开展了该区域的土壤侵蚀遥感调查工作，从宏观上获得了本区域的植被覆盖、土壤侵蚀数据，但该区域水土保持措施数量一直依靠人工统计上报的方式获得，不仅不能给水土流失治理提供急需的水土保持措施空间分布信息，而且所统计上报的数据准确性也得不到保证。因此，为水土保持效益分析提供依据，评价水土保持工程实施效果，必须建立先进、实用、规范的水土保持生态环境监测系统，提高水土保持监测工作效率，及时掌握水土流失状况及其防治措施数量、质量和防治效果监测。

7.2.5　监督管理开发建设项目水土保持工作的需要

黄河流域晋陕蒙接壤煤炭开发监督区、陕甘宁蒙接壤石油天然气开发监督区、豫陕晋接壤有色金属开发监督区是国家级水土流失重点监督区，近年来开发建设规模空前，开发建设项目剧增，对当地生态环境扰动极大。随着《水土保持法》的逐步落实和水土保持监督管理的深入开展，开发建设项目的水土保持监测工作逐步加强。开展重点监督区水土保持监测，掌握开发建设区水土保持生态环境变化动向，评价、预测开发建设项目造成的水土流失危害，是重点监督区水土保持宏观决策的重要依据，也是水土保持监督管理部门执法取证的需要。

7.3 水土保持监测内容

7.3.1 监测内容分类

水土保持监测的内容通常包括四类：

(1)影响水土流失及其防治的主要因子。包括降水、地貌、地面组成物质、植被类型与覆盖度、水土保持设施和质量等。

(2)水土流失。包括水土流失类型、面积、强度和流失量等。

(3)水土流失危害。包括河道泥沙淤积、洪涝灾害、植被及生态环境变化，对项目区及周边地区经济、社会发展的影响。

(4)水土保持防治效果。包括对实施的各类防治工程效果、控制水土流失、改善生态环境的作用等。

按照监测对象属性分为自然环境监测、社会经济状况监测、水土流失监测、水土保持措施监测、水土保持效益监测。

具体项目的监测内容应根据项目类型、水土保持工程建设阶段等内容确定。

7.3.2 监测内容

7.3.2.1 自然环境监测

自然环境主要包括地质地貌、气象、水文、土壤、植被等自然要素。

地质地貌监测的内容包括地质构造、地貌类型、海拔、坡度、沟壑密度、主沟道纵比降、沟谷长度等。

气象要素监测的内容包括气候类型、年均气温、≥10 ℃积温、降水量、蒸发量、无霜期、大风日数、气候干燥指数、太阳辐射、日照时数、寒害、旱害等。

水文监测的内容包括地下水水位、河流径流量、输沙量、径流模数、输沙模数、地下水埋深、矿化度等。

土壤监测的内容包括土壤类型、土壤质地与组成、有效土层厚度、土壤有机质含量、土壤养分含量（N、P、K）、pH值、土壤阳离子交换量、入渗率、土壤含水量、土壤密度、土壤团粒含量等。

植被监测的内容包括植被类型与植物种类组成、郁闭度、覆盖度、植被覆盖率等。

7.3.2.2 社会经济状况监测

社会经济状况主要包括土地面积、人口、人口密度、人口增长率、农村总人口、农村常住人口、农业劳动力、外出打工劳动力、基本农田面积、人均耕地面积、国民生产总值、农民人均产值、农业产值、粮食总产量、粮食单产量、土地资源利用状况、矿产资源开发状况、水资源利用状况、交通发展状态、农村产业结构等。

7.3.2.3 水土流失监测

水土流失监测包括水力侵蚀监测、风力侵蚀监测、重力侵蚀监测、冻融侵蚀监测等，黄土高原以水力侵蚀为主。

水力侵蚀监测的主要内容包括水土流失面积、土壤侵蚀强度、侵蚀性降雨强度、侵蚀性降雨量、产流量、土壤侵蚀量、泥沙输移比、悬移质含量、土壤渗透系数、土壤抗冲性、土壤抗蚀性、径流量、径流模数、输沙量、泥沙颗粒组成、输沙模数、水体污染（生物、化学、物理性污染）等。

7.3.2.4 水土保持措施监测

水土保持措施监测按照其措施的不同分为梯田监测、淤地坝监测、林草监测、沟头防护工程监测、谷坊监测、小型引排水工程监测、耕作措施监测等。

梯田监测：梯田面积和工程量。

淤地坝监测：淤地坝数量、工程量、坝控面积、库容、淤地面积等。

林草监测：乔木林面积、灌木林面积、林木密度、树高、胸径、树龄、生物量、草地面积等。

沟头防护工程监测：沟头防护工程数量和工程量。

谷坊监测：谷坊数量、工程量、拦蓄泥沙量和淤地面积。

小型引排水工程监测：截水沟数量、截水沟容积、排水沟数量、沉沙池数量、沉沙池容积、蓄水池数量、蓄水池容积、节水灌溉面积等。

耕作措施监测：等高耕作种植面积、水平沟种植面积、间作套种面积、草田轮作面积、种植绿肥面积等。

7.3.2.5 水土保持效益监测

水土保持效益监测包括治理程度、达标治理面积、造林存活率、造林保存率等。

根据不同监测需要，有些小流域还监测生态修复、生物多样性、贫困与生计等内容。

7.4 水土保持监测系统建设

黄河流域水土保持生态环境监测系统的建立，其主要功能包括：对全流域、多沙粗沙区、重点支流等宏观区域的水土流失总量、来源、变化趋势等情况，能够进行连续、全面、准确的监测、分析与预测；对流域水土保持生态工程建设和预防监督工作进行有效、规范的跟踪监管；对水土保持防治效果和生态环境质量进行客观评价；对流域水土保持信息进行便捷查询、演示和汇总上报；通过Internet向社会及时发布流域水土保持信息，定期发布黄河水土保持公报。

7.4.1 监测系统设计框架

黄河流域水土保持监测系统是"数字黄河"工程的七大应用系统之一，设计中统筹考虑黄河流域水土保持信息化、黄河水土保持数据分中心及电子政务建设等工程，整个系统由信息采集、信息传输、数据存储、应用服务平台和应用系统等五部分组成（见图7-1）。

7.4.2 信息采集体系建设

通过全国水土保持监测系统（一期）工程和黄河流域水土保持监测系统（一期）工程建设，初步建成了黄河水土保持生态环境监测中心、黄委郑州终端站、3个直属分中心（天水、西峰、榆林）、10个省级监测总站（含新疆）、55个国家级重点防治区监测分站，基本形成了流域机构、省（区）、重点区、县（旗）比较完整的水土保持监测站网体系（见图7-2）。

信息采集系统建设以地面观测和遥感监测为主。黄河水土保持生态环境监测中心拥有航测扫描仪、数字摄影测量工作站、全站仪、GPS、地理信息系统

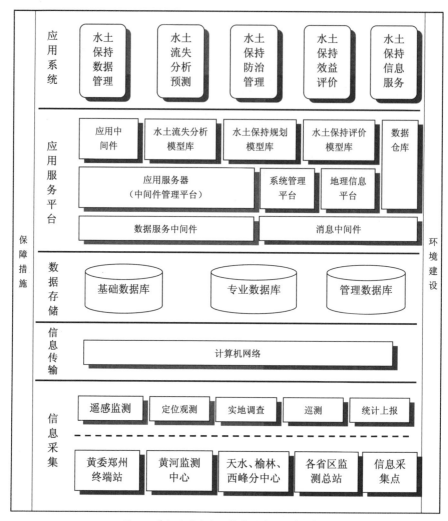

图7-1 黄河流域水土保持监测系统设计框架图

和遥感处理系统等软硬件环境。天水、西峰、绥德水土保持试验站针对黄土高原不同土壤侵蚀类型区，开展了长系列水土流失观测试验，建立了小流域和径流小区水文泥沙数据自动化采集与传输系统，在西峰站初步建成了人工模拟降雨装置系统。在罗玉沟、南小河沟、桥沟等7条小流域及其支沟布设了16个水沙监测站，总控制面积555.75 km²，布设雨量站90个，建设气象园3处，各种径流小区73个，重力侵蚀观测场3处。

基于各级信息采集体系，获取了黄河流域不同时间和空间尺度水土流失环

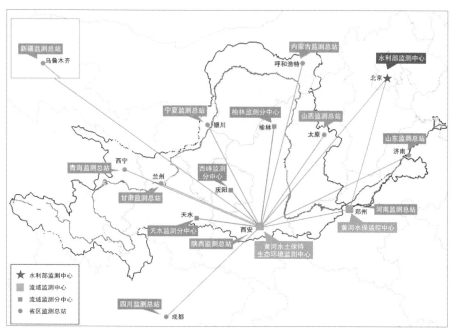

图7-2 水土保持监测站网体系

境背景、土壤侵蚀观测、水土流失治理等相关数据。

7.4.3 信息传输系统建设

通过租用2×2M光纤，建立了黄河监测中心与黄委郑州终端站的网络链接；通过VPN（虚拟专用网）技术，建立了黄河监测中心与直属分中心（天水、西峰、榆林）以及黄河流域各省区水土保持监测总站之间的广域网链接；构建了数据业务的统一网络传输平台（见图7-3）。

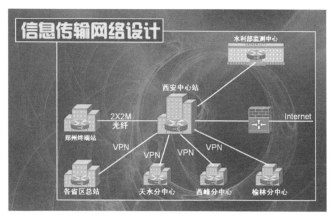

图7-3 信息传输网络

7.4.4 数据库及数据存储系统建设

7.4.4.1 数据库建设

水土保持数据库建设是黄河流域水土保持监测系统的重要内容，也是"数字黄河"工程中水土保持数据分中心的建设内容，监测系统一期工程建设完成了数据库系统运行所必需的软硬件配置和数据库设计。2003年，黄委列专项经费，开展了"黄河流域水土保持本底数据库系统建设"。数据库划分为基础信息、自然环境、社会经济、水土流失、预防监督、综合治理、效益评价、水政水资源、法规、科技、空间地理等11个主题域。目前，已录入黄河流域1:100万、1:25万、典型区域1:5万基础信息数据，不同分辨率卫星影像、航片数据，水土保持综合治理示范区、典型小流域数据，黄土高原淤地坝数据，黄河流域生产建设项目数据，黄河流域遥感普查数据等，数据量达到2TB。

7.4.4.2 基层站历史监测数据的整理入库

黄委天水、西峰、绥德水土保持科学试验站已经积累了60多年的观测资料，拥有我国建成时间最长、观测数据连续、参数全面的监测资料。天水站拥有小区径流泥沙资料434个区年，小流域径流泥沙资料89个站年，雨量资料516个站年。但这些资料的存储形式大多都是以传统的纸质形式保存着，对于数据的保存、检索和利用都带来了很大的不便。2006~2008年，黄河水土保持生态环境监测中心参考《水文资料整编规范》等技术标准，建立了水土保持小流域水沙观测数据库，把3个水保站历史数据进行了整编入库，开发了天水、西峰、榆林分中心原型观测数据管理系统（见图7-4）。该系统建立了统一的数据结构、统一的公共空间参照系、编码标准、数据采集和传输方式等。实现了对水土保持基础信息与小流域水沙监测原始记录的录入和管理，实现了对水沙资料的自动化整编，为数据共享和信息服务创造了有利条件。该系统的建成，标志着小流域水土保持水沙监测及其数据进入了规范化管理的新时代。

7.4.4.3 数据存储

建设了郑州、西安水土保持数据中心，西峰和榆林及天水数据分中心分布式存储系统，包括数据库服务器、备份服务器、磁盘阵列和磁带库等设备。利用ArcGIS、ARC/SDE搭建了基于网络存储技术的数据存储与管理平台框架；利

图7-4 天水、西峰、榆林分中心原型观测数据管理系统

用高性能的数据库服务器整合了有关数据库管理系统的资源，包括黄河流域不同时间、空间尺度的水土保持基础数据库和水土流失、水土保持生态工程、预防监督等专业数据库，重点地区不同时间大比例尺的土壤侵蚀、土地利用及DEM数据及卫星影像和航片数据，皇甫川流域数码航摄数据，并在数据中心的数据库管理系统中进行建库，初步实现数据资源的集中存储和管理（见图7-5）。

图7-5 数据存储系统

7.4.5 应用服务平台

应用服务平台主要包括应用服务器软件、中间件及其管理环境、基础地理信息平台、系统管理平台等。水土保持模型库则主要为水土保持业务应用提供各种模型应用支持。

按照全国水土保持生态环境监测系统一期工程建设和"数字黄河"工程规划，以及上中游管理局"三位一体"（监测中心、数据分中心、电子政务合为一体）的建设要求，于2003年底完成西安监测中心、郑州终端站的系统平台建设。其中西安中心建成了由2台IBMP650数据库服务器集群、IBMT700磁盘阵列和Oracle9i数据库管理软件组成的数据系统；由IBMP630应用服务器和地理信息软件（ARCGIS）等组成的应用系统。实现了与黄委的广域网链接，西安监测中心与郑州终端站实现了视频链接。同时开发了水土保持数据管理系统和信息服务系统，基本建成了黄河流域水土保持数据库，初步实现了数据资源共享。

7.4.6 监测应用系统建设

根据流域水土保持工作需要，以监测系统水土保持应用服务平台为依托，采用统一标准、统一数据库表结构、统一数据分发和数据应用机制，利用GIS系统分析、模型耦合、三维模拟等技术，重点对水土保持数据管理、水土保持防治管理和水土保持信息服务应用系统进行了建设，开发了"黄河中游多沙粗沙区电子地图系统"、"黄土高原淤地坝信息管理系统"、"水土保持预防监督信息管理系统"、"小流域可持续发展能力评价系统"等应用系统。

黄河流域数字黄土高原应用系统

7.4.6.1 黄河流域水土保持本底数据库管理系统

对黄河流域水土保持遥感普查和"948"动态监测的基础数据和成果数据进行系统管理，包括不同比例尺图形数据库、不同精度图像数据库、不同专题属性数据库等，利用ORACLE8i进行存储、ArcMAP进行浏览、ArcSDE作为数据库引擎、ArcSMS进行发布，具有多种导航途径的信息查询统计、图形图像浏览、数据更新及信息发布等功能，为流域规划、设计、管理和决策服务。

7.4.6.2　黄河中游多沙粗沙区电子地图系统

该系统采用C/S（客户端和服务器结构）+B/S（浏览器和服务器结构）构架模式，C/S结构实现数据库管理，构成了空间信息基础设施体系，为黄土高原水土保持各业务部门服务，用来查询、编辑、导出区域自然概况、社会经济、水土流失、水文气象、综合治理等数据和空间图形信息。B/S结构实现信息共享与服务，数据以专题图或表的形式发布在WEB服务器上，用户通过网络访问WEB服务器，对区域基础数据、水土流失的相关数据和图形及属性以不同分区（行政区、支流、项目区）进行浏览、查询、统计和打印。发布的内容主要包括行政区划图、植被覆盖图、土壤侵蚀图、水文站点分布图、大型开发建设项目分布图等30多种专题图。

黄河流域水土保持本底数据库

7.4.6.3　黄土高原淤地坝信息管理系统

该系统为黄土高原淤地坝管理服务，主要功能包括数据录入、查询、编辑、更新、统计分析及系统管理等。目前该系统已录入审批的3 043座骨干坝、3 028座中型坝和4 042座小型坝的可行性研究、初步设计、计划下达、施工、竣

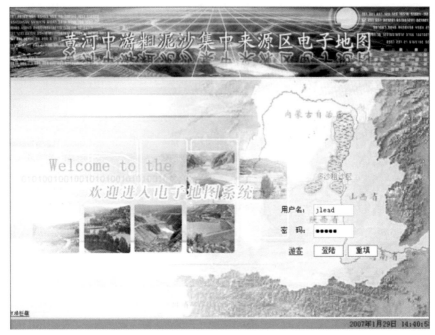

黄河中游粗泥沙集中来源区电子地图

工验收和运行等各阶段基本信息，对其涉及的267条小流域坝系基本信息进行管理，建立了淤地坝和坝系的专题数据库，实现数据共享，为规划和决策部门提供数据支持。

7.4.6.4　生产建设项目水土保持信息管理系统

该系统为黄土高原预防监督工作服务，用于对生产建设项目和水土保持方案进行动态管理，实现数据的共享，提高管理水平。主要功能包括查询、统计汇总、上报、发布和法律法规的宣传、专题数据和成果的输入输出。利用该系统完成了黄河流域"三区"划分数据入库，完成了20世纪90年代中期以来600余个国家级大型开发建设项目水土保持"三同时"制度执行情况年度督查信息入库，建立了预防监督专题数据库。同时，对已审项目、在建项目和上报项目不同阶段的实施状况进行管理。

7.4.6.5　小流域可持续发展能力评价系统

结合英国赠款项目，开展了小流域综合评价方法和评价模型研究。研究了综合运用单指标评价法、综合评分法和层次分析法三种评价方法。提出了适用于黄河流域小流域综合评价的指标体系、方法和工具模型。基于黄河流域实际情况，推荐"基于层次分析法的小流域综合治理效益评价"。在评价模型的基础上开发了"小流域可持续发展能力评价系统"，包括模型管理、项目评估、数据维护、系统配置等四个模块，实现了监测数据的输入、存储，评价数据的关联和计算，评价模型的数据输入和输出，评估结果数据的存储和转发等。

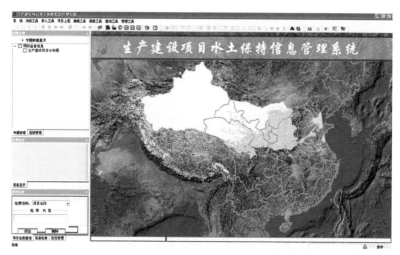

生产建设项目水土保持信息管理系统

7.5 水土保持重点监测项目

7.5.1 黄河流域第一次土壤侵蚀遥感调查

1983年12月，水利部在天津举办遥感培训班，安排布置遥感普查工作。这是新中国成立以来第一次利用遥感技术调查水土流失情况。1984年，黄河流域由黄委原科技处、水保处组织成立遥感组，承担了"黄河流域土壤侵蚀调查"任务。1990年通过成果验收。这次普查主要信息源是美国陆地资源卫星MSS照片。通过计算机数据统计，以目视解译结合野外调查样方测量等手段，完成了全流域和分省（区）土壤侵蚀面积统计。

遥感调查成果中的水力侵蚀和风力侵蚀面积经国务院1992年12月14日发布，在全国使用。黄河流域及各省（区）的不同侵蚀类型土壤侵蚀强度分级面积统计见表7-1和表7-2。

表7-1　黄河流域不同侵蚀类型土壤侵蚀强度分级面积统计　　（单位：km²）

项目	总面积	水土流失面积	微度	轻度	中度	强度	极强度	剧烈
水力侵蚀	545 163.4	347 117.7	198 045.7	111 146.2	88 697.4	61 836.4	48 740.5	36 697.2
风力侵蚀	127 440.1	117 861.3	9 578.8	41 913.6	31 392.1	16 942.2	15 070.4	12 543.0
冻融侵蚀	117 691.4	60 455.9	57 235.5	60 455.9	0	0	0	0
合计	790 294.9	525 434.9	264 860.0	213 515.7	120 089.5	78 778.6	63 810.9	49 240.2

表7-2　黄河流域各省（区）土壤侵蚀强度分级面积统计　　（单位：km²）

省（区）	境内流域面积	微度侵蚀	轻度侵蚀	中度侵蚀	强度侵蚀	极强度侵蚀	剧烈侵蚀
青海	147 622.6	72 223.5	62 365.2	9 476.0	2 529.6	1 028.3	
四川	14 996.5	10 980.7	4 015.8				
甘肃	143 112.8	51 568.4	31 437.7	19 144.3	21 451.3	19 511.1	
宁夏	51 379.6	12 926.9	13 457.7	14 381.6	7 923.5	2 398.8	291.3
内蒙古	151 305.5	26 181.3	48 632.3	28 377.3	18 582.5	16 078.1	13 453.9
陕西	133 251.0	44 871.7	20 679.6	18 022.3	5 360.7	18 418.4	25 898.3
山西	97 502.7	21 648.0	23 813.3	20 706.9	16 542.9	5 195.1	9 596.5
河南	35 596.4	16 030.7	5 260.0	7 956.6	5 500.4	848.8	
山东	15 526.8	8 428.5	3 854.4	2 024.3	887.6	332.0	
总计	790 295.7	264 860.0	213 516.2	120 089.6	78 778.7	63 810.9	49 240.2

7.5.2　黄河流域第二次水土保持遥感普查项目

黄河流域第二次水土保持遥感普查于1998年立项，1999年实施，2002年7月通过验收。项目涉及青海、四川、甘肃、宁夏、内蒙古、陕西、山西、河南、山东9省（区）的65个地（市、盟），356个县（旗、区）。普查的主要目的是查清20世纪90年代末黄河流域土壤侵蚀现状。在技术上主要是利用1998年夏态TM卫星影像，在外业调查的基础上，建立图像解译标志库，采用人机交互判读的形式进行图像解译。主要成果包括黄河流域各省（区）、地、县9大类型区的76条大于1 000 km²一级支流的6级土壤侵蚀强度、6级植被盖度、6级坡度数据。同时开展了土壤侵蚀模型研究，开发了黄河一级支流地理信息系统等软件系统。

该项目1999年立项并成立项目领导组和项目办公室。通过招标，外业调查及分片解译工作由黄河勘测设计院、黄河科学研究院、黄委信息中心、黄河上中游管理局规划设计院，以及天水、西峰、绥德水土保持试验站承担。

本次外业调查共布设了127个样区，样区涵盖了各种土壤侵蚀类型和地貌类型。采用人机交互解译方式，共解译图斑50.9万个。通过面积量算、平差、数据集成和野外验证等一系列工作，取得了全流域土壤侵蚀、坡度组成、植被等系列成果，建立了黄河流域水土保持本底数据库。

遥感普查结果，黄河流域总面积797 281.22 km²（比上次遥感调查增加6 985.81 km²），其中水力侵蚀面积573 661.76 km²，风力侵蚀面积129 817.66 km²，冻融侵蚀面积93 801.80 km²，分别占总面积的71.95%、16.28%和11.77%（见表7-3和表7-4）。

表7-3 黄河流域土壤侵蚀面积汇总

侵蚀类型		总面积	轻度以上	微度	轻度	中度	强度	极强度	剧烈
水力侵蚀	面积（km²）	573 661.7	315 155.8	258 505.9	103 924.9	90 633.7	72 479.2	35 004.7	13 113.1
	占比(%)	100.0	54.9	45.0	18.1	15.8	12.6	6.1	2.2
风力侵蚀	面积（km²）	129 817.6	111 392.1	18 425.5	31 178.8	33 148.5	19 271.2	11 483.3	16 310.1
	占比(%)	100.0	85.8	14.1	24.0	25.5	14.8	8.8	12.5
冻融侵蚀	面积（km²）	93 801.8	46 770.2	47 031.5	34 796.3	11 973.9	0.0	0.0	0.0
	占比(%)	100.0	49.8	50.1	37.1	12.7	0.0	0.0	0.0
合计	面积（km²）	797 281.2	473 318.2	323 963.0	169 900.2	135 756.1	91 750.4	46 488.1	29 423.3
	占比(%)	100.0	59.3	40.6	21.3	17.0	11.5	5.8	3.6

表7-4 黄河流域分省（区）土壤侵蚀面积汇总 （单位：km²）

省（区）	总面积	流失面积	微度	轻度	中度	强度	极强度	剧烈
青海	152 575.27	70 842.82	81 732.45	40 989.46	19 894.39	7 232.80	2 726.17	0.00
四川	17 163.59	8 374.53	8 789.06	8 178.00	196.53	0.00	0.00	0.00
甘肃	143 035.60	99 564.55	43 471.05	26 497.98	27 326.86	30 927.55	14 204.27	607.89
宁夏	51 357.86	35 416.28	15 941.58	15 221.46	12 513.03	6 045.68	1 394.49	241.62
内蒙古	151 739.02	114 036.55	37 702.47	33 758.78	34 905.43	21.753.89	10 144.53	13 473.92
陕西	132 873.30	83 806.36	49 066.94	17 426.31	17 101.32	19 549.52	17 181.31	12 547.90

续表7-4

省（区）	总面积	流失面积	微度	轻度	中度	强度	极强度	剧烈
山西	97 076.86	53 740.16	43 336.69	16 407.77	20 352.69	9 550.89	4 050.92	3 377.89
河南	36 280.59	11 412.97	24 867.62	6 641.05	3 888.78	882.08	1.06	0.00
山东	14 681.59	4 476.49	10 205.10	3 575.81	900.68	0.00	0.00	0.00
总计	796 783.68	481 670.71	315 112.97	168 696.62	137 079.71	95 942.41	49 702.75	30 249.22

据普查，黄河流域总的坡度组成情况是：<5°的面积为302 921.84 km²，占总面积的37.99%；5°~8°的面积为69 014.65 km²，占总面积的8.66%；8°~15°的面积为123 239.37 km²，占总面积的15.46%；15°~25°的面积为182 282.12 km²，占总面积的22.86%；25°~35°的面积为104 942.93 km²，占总面积的13.16%；>35°的面积为14 880.32 km²，占总面积的1.87%。

黄河流域九大水土保持类型区中，>25°陡坡地面积较大的类型区是山西、陕西、甘肃和青海，占本省流域面积的比例分别为22.67%、22.33%、19.03%和17.61%。>25°陡坡地面积较大的类型区依次为土石山区、黄土高塬沟壑区、黄土丘陵沟壑区和林区，其面积占本类型区总面积的比例分别是33.13%、27.72%、18.67%和16.03%。

遥感解译结果，黄河流域植被高覆盖和中高覆盖面积占全流域的12.96%，包括子午岭、吕梁山、六盘山和秦岭；中覆盖和中低覆盖占全流域的30.64%，主要在高地草原区；农地主要在冲积平原区。

7.5.3　黄土高原严重水土流失区生态农业动态监测研究

该项目于1998年2月申请，10月立项，由水利部国科司、"948"项目办公室负责，黄委承担，黄河上中游管理局具体实施，历经4年，于2002年8月结束，2003年9月水利部国际合作与科技司组织验收鉴定。

该项目针对黄土高原严重水土流失的现状，引进国际先进的遥感（RS）、地理信息系统（GIS）及全球定位系统（GPS）（简称"3S"）技术和设备，开展技术创新与应用研究，完成了不同尺度土壤侵蚀、水土保持生态农业措施及开发建设项目的动态监测，建立了黄土高原严重水土流失区生态环境动态监测系统；开发了不同尺度的三维地理信息系统、立体浏览系统、黄河流域一级支流水土保持动态监测系统、黄土丘陵区土壤侵蚀评价模型等应用系统。为水土保持管理与决策提供快速、高效、系统、准确的动态信息，大大提高规划、管理、决策的即时反应能力。

应用本项目建立的技术平台，开展了黄河流域水土保持遥感普查项目，范围涉及黄河流域9省（区），面积70多万km^2，主要普查内容包括土壤侵蚀的强度、分布以

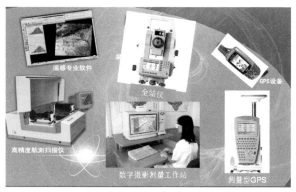

动态监测设备

及地面坡度、植被的状况及治理措施分布和人为新增水土流失情况。建立了数据总量超过1 000 GB的黄河流域水土保持数据库，具体包括图像库、图形库、属性库、成果数据库，数据可靠，精度高。比较真实地反映了黄河全流域土壤侵蚀及生态环境状况，并培养了一批科技实用型人才，为今后水土保持生态环境监测、水土保持规划、管理和工程建设等工作奠定了基础。

2003年通过水利部国科司组织的验收与鉴定，项目成果获得了陕西省科学技术一等奖。

7.5.4 黄河重点支流皇甫川流域水土保持动态监测

2005年9月经黄委立项，以两期数码航摄数据为主要信息源，开展2006～2010年黄河重点支流皇甫川流域水土保持动态监测，这是全国首次使用数码航摄技术开展水土保持监测。

监测的主要内容是2006年和2010年各类水土保持措施的数量、面积与分布情况。水土保持措施主要包括梯田、乔木林、灌木林、果园、天然草地、人工种草、淤地坝（包括坝地）和水库等；监测两个年度土壤侵蚀强度等级的面积及其分布动态；监测两个年度开发建设项目造成的人为水土流失位置和破坏面积动态情况。

同时，在皇甫川流域尔架麻沟、特拉沟、西五色浪沟3条小流域建设了把口站、径流场、雨量站等观测设施，进行了2007、2008年度小流域水土流失观

　第7章 *水土保持监测*

测，包括输沙量监测、拦沙量监测、沟道工程监测和坡面治理监测。

7.5.5 黄土高原12条小流域示范坝系水土保持监测

黄委于2006年启动黄土高原小流域示范坝系水土保持监测项目。根据不同小流域坝系的特点，选择青海省大通县景阳沟，甘肃省定安区称钩河、环县城西川，宁夏回族自治区西吉县聂家河，内蒙古自治区准格尔旗西黑岱、清水河县范四夭，陕西省横山县元坪、宝塔区麻庄、米脂县榆林沟，山西省河曲县树儿梁、永和县岔口，河南省济源市砚瓦河等12条小流域，同坝系所在省（区）监测总站合作开展了坝系工程建设动态监测、拦沙蓄水监测、坝地利用及增产效益监测、坝系工程安全监测等内容，开发了小流域坝系监测信息查询系统。

12条小流域坝系示范工程主要分布在黄土高原水土流失严重的多沙粗沙区内，行政区划涉及黄土高原7个省（区）的12个县（旗、市）。按类型区划分主要分布在黄土丘陵沟壑区和土石山区，其中陕西省米脂县榆林沟、横山县元坪流域，内蒙古自治区清水河县范四夭、准格尔旗西黑岱流域，山西省河曲县树儿梁流域属于黄土丘陵沟壑区第一副区；陕西省宝塔区麻庄流域，山西省永和县岔口流域属于黄土丘陵沟壑区第二副区；宁夏回族自治区西吉县聂家河流域属于黄土丘陵沟壑区第三副区；青海省大通县景阳沟流域属于黄土丘陵沟壑区第四副区；甘肃省安定区称钩河、环县城西川流域属于黄土丘陵沟壑区第五副区；河南省济源市砚瓦河流域属于土石山区。从小流域所属重点支流情况看，涉及湟水河、渭河、皇甫川、无定河、延河、三川河及部分直接入黄支流，12条小流域坝系示范工程总面积970.3 km^2，水土流失面积914.3 km^2。

7.5.6 黄土高原水土保持世界银行贷款项目监测

20世纪90年代以来，随着世界银行贷款项目区建设，对一期项目区开展了监测评价工作，为水土保持生态项目的监测积累了经验。监测的内容主要包括治理进度与质量、经济效益、社会效益、生态效益及保水保土效益等五个方面。同时在山西项目区（河保偏片）利用航空遥感技术对监测结果进行了校验。

一期项目区各级共设置监测机构204个，包括中央项目监测中心1个，省级监测分中心4个，地区级监测总站7个，县级监测站22个，乡级监测分站170个，建立了五级完整的监测网络，配备了监测技术人员，提出了监测评价方法和主要指标体系，并编制了《监测评价技术规程》。根据监测内容，项目区设立了治理进度与效益监测点、经济效益与社会效益监测农户、生态效益监测点、水土保持效益监测站、径流小区等。

从1995年开始，通过8年连续监测，取得了一期项目的执行进度、措施质量、林草成活状况、典型农户、水沙变化、土壤、气象、环境等大量的系统监测资料，完成了项目后评价报告，为准确掌握项目执行情况以及全面评价项目成效提供了可靠的基础资料及科学的评价指标。

7.5.7　国家级重点防治区水土保持动态监测

根据水利部《2007年度全国水土流失动态监测与公告项目实施方案》，基于卫星遥感技术，由黄河水土保持生态环境监测中心主持，西峰监测分中心具体实施完成了子午岭预防保护区、神府东胜矿区水土保持动态监测项目，对上述区域的植被覆盖、土壤侵蚀、水土保持治理、人为水土流失等情况进行了监测。该项目是"全国水土流失动态监测与公告"项目的一个子项目，对国家宏观掌控被监测区的水土流失动态和预防保护状况具有重要的意义。

子午岭预防保护区位于黄土高原中部，为泾、洛河两水系的分水岭，它东界洛河，西接马莲河，南至铜川、咸阳北部，北至志丹、安塞，横跨陕、甘两省。在2006年5月水利部公布的"三区"公告中，包含有陕西省的甘泉、富县、黄陵、宜君、印台、王益、耀州、旬邑、淳化和甘肃省的正宁、宁县、合水、华池等13个县(区)。针对子午岭预防保护区实际情况，以2006年5月的32 m分辨率卫星影像及相关资料为信息源，应用"3S"技术，采用人机交互解译的方法，先后监测了水土流失主要影响因子及预防保护措施，完成了"子午岭预防保护区水土流失监测报告"，编制了1∶10万子午岭预防保护区林缘线图、土地利用图、植被覆盖度图等专题图件。本次监测结果发现，在陕西的志丹、白水县已发现部分林区，预防保护面积约1.31万km²，充分说明了该区的生态开始明显好转。

神府东胜矿区（简称神东矿区）地处黄河中游多沙粗沙区的黄河一级支流窟野河流域中上游（乌兰木伦河），涉及陕西省榆林市的神木县和府谷县以及内蒙古自治区鄂尔多斯市的东胜区、伊金霍洛旗、准格尔旗，是我国大型能源重化工开发基地，矿区面积3 837.21 km²。煤田自1984年正式开工建设以来，已建成大柳塔、补连塔、上湾、乌兰木伦、马家塔、哈拉沟、榆家梁、石圪台等8个大型煤矿，为国家开采了大量的优质煤炭资源。根据神东矿区监测需要，以2006年9月的TM影像与3 m分辨率卫星影像融合的数据为信息源，通过野外实地调查，应用"3S"技术对神东矿区的水土流失基础要素及矿区开发建设项目造成的水土流失状况、预防保护措施及其效果等进行了监测。建立了神东矿区土地利用类型及植被覆盖度影像解译标志，完成了"神东矿区水土流失监测报告"，编制了1：5万神东矿区土地利用、土壤侵蚀、植被覆盖度、地面坡度、开发建设项目分布等专题图件。这些监测项目的顺利完成，将对该区水土流失及开发保护状况预报和公告起到积极的促进作用。

子午岭预防保护区和神府东胜矿区都是国家级水土流失重点防治区，也是黄河流域水土保持预防保护和预防监督的重点，开展该区域监测，对探索区域水土保持的政策和机制，及时掌握预防保护区植被情况以及煤田开发区水土流失动态及其发展趋势，分析评价水土保持措施实施效果等，具有重要意义。

7.5.8　黄河源区土壤侵蚀遥感监测

黄河水土保持生态环境监测中心以1998年TM卫星影像为信息源，以"3S"技术为依托，获得了1998年黄河源区土壤侵蚀数据。2002～2004年，黄河水土保持生态环境监测中心与水利部水土保持监测中心合作，完成了"黄河源头区水土保持生态建设重点区水土流失背景调查"项目。该项目利用遥感和地理信息系统从遥感影像上提取专题信息，获得了黄河源区1995年和2000年的土壤侵蚀与土地利用数据。同时，利用数字高程模型和2.5 m高分辨率卫星影像(SPOT)获取了典型流域的土地利用、地形坡度、坡向、植被盖度、土壤侵蚀及其空间分布等资料。建立了黄河源区土壤侵蚀和土地利用动态监测数据库，为今后开展源区生态修复和保护等工作奠定了基础。

7.6　监测评价能力建设

为了提高黄河流域治理及生态环境建设工作的管理水平，英国国际发展部于2003年与中国水利部达成协议，提供赠款在中国实施小流域治理管理项目。黄河水土保持生态环境监测评价能力建设是该项目的重要组成部分，主要由英国赠款小流域治理管理项目执行办公室和黄河水土保持生态环境监测中心组织实施，通过几年的实施取得了初步成果。

7.6.1 建设目标

黄河流域水土保持监测评价能力建设目的是提高现有监测评价系统的整体能力，包括监测数据的采集、分析、评价以及技术手段和方法的完善，建立相应的标准规范等。主要目标包括：①初步建立流域内水土保持业务及相关部门间的数据共享和交流机制；②加强流域监测数据的分析和整合能力，规范监测数据收集和分析评价的标准、方法、手段；③探讨建立信息共享、多部门协作机制，为流域、地方和国家级决策者制订防治水土流失决策、促进社会经济发展的政策和规划提供参考依据。

7.6.2 整体思路

（1）通过与各相关部门的交流协作，探讨建立多源数据交换与共享机制，形成可靠的数据获取和更新保障机制。

（2）通过对现有水土保持监测评价数据标准、分析评价方法的收集、分析和评估，建立和完善小流域监测评价的数据标准规范与元数据管理机制，提高系统的数据质量和利用潜力；探索小流域监测与综合评价方法，提高综合数据分析和利用水平。

（3）通过构筑数据采集、管理和综合分析与评价平台，提高数据使用效率和分析能力。

（4）通过开展相关监测评价方法、技术标准、规范和评价软件应用的培训，提高监测人员素质，增强水土保持生态监测和评价的综合能力。

7.6.3 主要专题

7.6.3.1 建立小流域监测评价数据交换与共享机制

通过疏通纵横各部门的数据交换和共享渠道，在小流域层面建立有效的数据共享和利用机制，具体包括小流域监测评价数据资源的调查与评价、共享机制研究、探索小流域监测评价数据资源共享平台建设和小流域监测评价元数据库建设4个子专题。

7.6.3.2 小流域监测评价技术标准与方法研究

主要内容是探讨、研究适宜于小流域监测与评价的技术标准和方法，形成可操作的规范、模型，包括流域监测与评价相关标准和规范的调查与评价、小流域监测评价规范和数据采集规范编写、小流域综合评价方法和模型建设研究3个子专题。

7.6.3.3 小流域监测评价系统建设

主要是为前面所列各专题的完成提供基础支持，为实现数据整合、分析和评价以及数据信息共享平台的建设进行必要的软硬件支持和系统开发、数据支撑，包括小流域综合评价系统建设、小流域基础地理信息产品入库、补充评估所需数据、完善黄河流域小流域监测评价信息平台基础设施建设和建立基于广域网的社会公众信息发布机制5个子专题。

7.6.3.4 技术培训和研讨

培训研讨与项目有关的成果，提高黄河流域监测评价综合能力及与相关流域、机构的交流。包括小流域监测评价方法培训和研讨、小流域数据采集和监测评价方法培训2个专题。

7.7 新技术在开发建设项目中的应用

随着项目建设单位对水土保持监测工作的重视，实施水土保持监测的开发建设项目越来越多，监测的技术和方法也越来越成熟，监测的成果质量比以前有很大提高。但是，就目前的一些监测方法而言，监测手段比较落后，工作效率低，监测野外工作量大、周期长，不能满足快速监测的需要，更不能适应水土保持监测自动化的发展趋势，因此很有必要研究总结分析，把一些用于常规测量的先进技术应用于开发建设项目监测，提高项目监测的精度和效率。经过初步试验和探讨，有以下技术可以用于开发建设项目监测。利用遥感技术可以快速监测项目建设前后土地利用动态变化；GPS除能完成定位外，可以监测弃土弃渣体积、堆弃渣面积；三维激光扫描仪可以精确监测堆弃渣坡面、管线工程边坡的水土流失量；基于普通数码相机的摄影测量技术可以监测弃土弃渣、开挖量等指标。

7.7.1 遥感技术在开发建设项目监测中的应用

目前，遥感技术已广泛应用于农业、工业、国防、交通等各个领域，在水土保持上的应用也很广泛。例如，开展水土保持调查、土壤侵蚀普查等工作。随着遥感技术的发展，遥感影像的分辨率从几千米、几十米、几米、几分米到几厘米，形成影像金字塔，能满足不同监测对象需要。同时，遥感影像的价格也在不断降低。因此，利用遥感技术，可以大大提高开发建设项目监测的精度和效率。针对不同的开发建设项目使用的遥感信息源有一定差异，对于线型工程，一般线路较长，可以采用2.5~5 m分辨率的卫星影像。对于点状工程，面积较小，采用1 m左右分辨率的卫星影像，面积较大的可以采用2 m左右的卫星影像。尤其针对已经开展建设的开发建设项目，利用遥感存档数据，采取遥感资料与实地调查相结合的方法，确定项目区施工前原地貌的水土流失形式、水土流失面积、水土流失强度、水土流失分布等。通过项目建设前后影像对比，动态监测项目的水土保持情况。我们在西霞院水利工程水土保持监测中，利用了分辨率0.61 m的Quick Bird影像，在西安—延安铁路水土保持监测中，利用了1 m分辨率的IKONOS影像，取得了明显效果。

遥感监测的主要技术路线是：影像购置（尽量使用存档影像），以监测区地形图及区域的DEM为基础，利用遥感影像处理软件对影像进行纠正、调色等处理；通过外业调查，建立影像与实地的解译标志；依据解译标志针对影像提取土地利用及植被覆盖度信息，并建立相关矢量图层；利用DEM数据根据栅格数据空间分析获得坡度信息，并生成坡度矢量图层；结合土壤侵蚀分级指标，在已有三类信息的基础上，进行矢量图层叠加，并计算各划分单元的土壤侵蚀强度分级，同时统计得到各类土地利用面积。利用同样的方法，对项目实施完成的遥感影像进行处理，得到项目监测期末的各项数据，通过对比分析，计算各类监测指标，得到水土保持动态监测结果。

7.7.2 GPS技术在开发建设项目监测中的应用

GPS全球定位技术是目前最理想的空间对地、空间对空间、地对空间的定位技术系统。GPS定位技术已广泛应用于水土保持工程建设、水土流失监测和生态建设项目，取得了明显效果。但是，在开发建设项目监测中的应用尚处于探索阶段，通过挖掘GPS定位技术潜力，可以应用于开发建设项目水土流失面积、弃土弃渣量、水土流失速度等方面的监测。

面积监测：应用GPS中的RTK技术，一台基站架设在某已知点或明显地物点上，该作业点尽量设在作业区的中心位置。用流动站跟踪地类边界线，经室内处理，可得到精度比较高的地类三维现状图，计算面积，定期监测，将得到面积的变化量。一般地，利用手持GPS也可完成面积测量，而且操作相当方便，只是精度相对较低。

体积监测：将弃土弃渣区按一定网格划分，网格密度视精度要求而定，用GPS精确测量各网格交点的坐标，用计算机编辑生成数字地面模型，就可计算出精度比较高的体积量。

水土流失速度监测：通过监测区域内由于水土流失引起的侵蚀沟的变化监测侵蚀速度。用GPS的RTK实时动态定位技术，把GPS的基站放在已建立控制网的某已知点上，流动站沿侵蚀沟连续采集点的坐标，绘制出三维曲线。通过定期监测可获取侵蚀变化情况，若用计算机处理，可以求得比较确切的变化量。

7.7.3　三维激光扫描仪在开发建设项目监测中的应用

三维激光扫描系统是利用发射和接收脉冲式激光的原理，以点云(大量高精度三维数据)的方式真实再现所测物体的彩色三维立体景观。在现场使用扫描仪对准欲测目标，内置的摄像机将电视图像发送到与扫描仪相联的笔记本电脑屏幕上，选定测量的范围和扫描分辨率后，按一下"扫描"键即可开始获取数据。扫描仪发出窄束激光脉冲依次扫过被测目标，利用测量每个激光脉冲从发出到碰到被测物表面再返回仪器所经过的时间来计算距离(无需反射镜)，同时光学编码器记录每个脉冲的角度，每个点的原始位置就实时地被存储下来形成内容丰富的电子数据库，通过随机后处理软件

iQsun880 3D激光扫描仪

生成所需要的产品，而且景观中的每个点都有准确的三维坐标。目前，3D激光扫描仪主要是国外产品，主要有OKIO-II-200拍照式三维扫描仪、3rdTech的Deltaphere-3000、Cyra的HDS4500和HDS450、iQsun880、iQvolution、I-SiTE Pty. Ltd的I-SiTE4400等。利用三维激光扫描仪可以监测微观监测区域水土流失信息、径流小区土壤侵蚀量快速监测、淤地坝坝址区数字地形图快速测量、开发建设项目弃土弃渣量快速监测等。

为了研究3D激光扫描仪在土壤侵蚀监测方面的应用方法，检验使用精度，我们在西峰水土保持科学试验站人工降雨基地进行了试验。使用的仪器为法国生产的IQSUN880 3D激光扫描仪，利用Geomagic Qualify进行图层分析处理，利用Geomagic Studio和ArcGIS计算体积。通过扫描降雨前后的径流小区，对比两次数据，生成三维色谱图，色彩不同代表变化程度不同。也可自定义色谱分段，如绿色代表变化在5 mm内。D值表示三维变化值，$Dx/Dy/Dz$表示投影到x、y、z三个方向上的值。在ArcGIS软件中计算体积，在利用3D激光扫描仪试验的同时，利用常规径流小区泥沙观测的方法，测量流入集流桶中的泥沙量，进行对比分析，分析结果基本上接近。

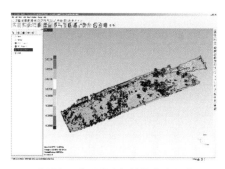
小区人工降雨前后扫描结果对比图

Arc GIS软件计算泥沙体积

通过试验得出，完全可以应用三维激光扫描仪监测坡面土壤侵蚀量，并且当地表垂直方向变化大于10 mm时，测量精度最好。

7.7.4 红外测距仪监测取、弃土（渣）场

目前，一般的红外测距仪都可以测量所在点到目标物的斜距、水平距、角度和目标物的高度等值，因此可以用于测量开发建设项目中有关的宽度、长

度、高度值，可以测量弃土弃渣占地、取土场、料场、施工场地的面积，同时，可以监测弃土弃渣量的体积等。

宽度、长度、高度测量时人站在有效范围内，用测距仪对准目标物直接测量就行。

面积测量时，要把被测物体概化成多边形，用测距仪一次对准各测点，闭合后就可测出面积值。

体积测量时，也要把被测物体概化成多面体，依次测量各点坐标，计算体积值。体积测量的精度相对低一点，但一般均可满足监测的需要。

7.7.5 基于普通数码相机的摄影测量技术应用

河海大学土木工程学院研发了基于普通数码相机的DTM数据快速采集系统，可以应用于开发建设项目水土保持监测中。该系统的主要优点是，在达到精度要求的前提下，外业工作像控及拍摄简单轻松，要求的人力较少，作业速度大大提高，另外，要求的设备也很简单，即普通数码相机和计算机。系统已经在水电工程建设中经过了检验，并获得一致好评。该系统由六大功能模块组成，依次为数码相机检校模块、系统输入模块、图像增强处理模块、像对定向模块、DTM数据采集模块、分析输出模块（见图7-6）。

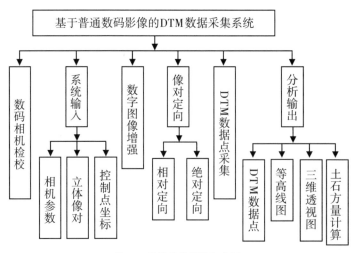

图7-6 测量系统模块组成图

利用该系统可以监测弃土弃渣体积、坡面侵蚀量等指标。监测方法是先对普通数码相机进行检校，得到相机参数。然后用相机对开挖面、弃土弃渣体进行拍照，在计算机上依次进行照片处理、像对定向、DTM采集、等高线生成、三维透视图生成、计算土石方量，成果输出等。如果定期对同一区域进行连续测量，可以动态监测其变化量。

随着开发建设项目的增多，今后开发建设项目水土保持监测的任务量越来越大，因此必须研究探索新技术、新手段，提高监测工作的效率和精度。通过研发与探讨，认为利用遥感技术、GPS全球定位技术、三维激光扫描技术、基于普通数码相机的摄影测量技术等一些新技术、新手段，完全可以用于开发建设项目水土保持监测，并且野外工作量小，监测精度高，是今后监测工作的发展方向。

第8章 水土保持科学研究

8.1 研究机构

　　黄委的天水、西峰、绥德水土保持科学试验站分别分布在黄土丘陵沟壑区第三副区、高塬沟壑区和黄土丘陵沟壑区第一副区，黄河水利科学研究院水土保持研究所位于华北平原，中国科学院、水利部水土保持研究所位于关中平原。这些水土保持科研机构隶属于水利部、中国科学院和黄委管理，主要建立于20世纪50年代。其主要任务是，在大力进行水土保持应用研究的同时，积极开展有关基础理论的研究。

8.1.1 黄委天水水土保持科学试验站

　　黄委天水水土保持科学试验站创建于1942年，单位设在甘肃省天水市，是我国建立最早的水土保持科研机构，隶属于黄河上中游管理局管理。其主要任务是研究黄土丘陵沟壑区第三副区水土流失规律，探索小流域水土保持措施的综合配置，开展各种单项措施的试验研究和示范推广工作。

该试验站有罗玉沟、吕二沟试验场和桥子东（西）沟3个综合治理试验示范样板与水土流失观测基地，布设有径流监测站4个、雨量站30个、气象园1处、径流场19个。

全站下设4个管理科室、4个业务科室和4个试验基地。现有在职职工137人，其中专业技术人员60人，具有副高级以上专业技术职称的9人，中级职称的42人，涉及水利工程、水土保持、计算机应用等22个专业。

建站60年来，所取得的研究成果获国家级奖8项，获省部级奖6项。近年来，参加了国家"八五"攻关、水利部"水沙基金"、沙棘资源开发建设等重点科研项目。

8.1.2　黄河水利科学研究院水土保持研究所

黄河水利科学研究院（以下简称黄科院）创建于1950年10月5日，单位设在河南省郑州市，是水利部黄河水利委员会所属以河流泥沙为中心的多学科、综合性水利研究机构，也是全国水利系统四所非营利性科研单位之一。其主要研究领域包括水库泥沙、河道演变、河道整治、河口治理、大型水利水电枢纽布置、空化空蚀处理、河流模拟、水土保持规划、水资源、水环境、防洪减灾、防汛抢险、水利水电工程管理、节水灌溉遥感与地理信息系统应用、新型建筑材料及抗磨材料、岩土工程及地基加固、工程抗震、土石坝动静力应变计算、渗流计算、建筑物的损伤隐患控测技术和渗漏检测技术、高含沙水流试验测控仪器、计算机技术、自动化控制技术等方面，同时还进行水利水电工程技术、环境问题的咨询及评估、水土保持方案编制及水土保持生态工程规划、工程安全监测及缺陷处理、工程安装鉴定及工程监理等。

黄科院下设泥沙研究所、工程力学研究所、水保研究所、水资源研究所、防汛抢险技术研究所、引黄灌溉及节水工程技术研究中心、高新技术研究开发中心、江河治理试验中心等8个研究单位和黄委基本建设工程质量检测中心、黄河咨询监理有限责任公司等科技开发实体。

黄科院现有大型河工动床模型试验厅5座，其他试验厅（室）30多个，总面积40 000多m²。拥有先进的科学试验量测仪器和技术设备3 000余台（套）。全院已实现计算机联网并建成覆盖全院的局域网络。

50多年来，黄科院承担并完成了包括国家自然科学基金、国家科技重点攻关计划等国家级项目在内的2 500多项科研任务，有80余项科研成果获国家、省部级奖励，135项获黄委奖励。黄科院同美国、英国、法国、俄罗斯、日本和乌兹别克斯坦等国家建立了良好的学术交流合作关系。

8.1.3　黄委西峰水土保持科学试验站

黄委西峰水土保持科学试验站始建于1951年10月12日，单位设在甘肃省西峰市，隶属于黄河上中游管理局管理。其主要任务是研究黄土高原沟壑区水土流失规律，探索小流域水土保持措施的综合配置，开展各种单项措施的试验研究和示范推广工作。

黄委西峰水土保持科学试验站下辖4个试验示范、监测基地，试验基地总面积505 hm²，拥有示范果园20 hm²，水土保持苗木试验、繁育基地6 hm²，布设有径流测站5个、径流小区监测站1个、雨量站38个、气象园1处、径流场22个、固定式人工模拟降雨装置及自动控制系统1套、南小流域自动化测报系统1套。

黄委西峰水土保持科学试验站现有职工278人，其中在职职工175人，各类专业技术人员90人，学科涵盖水土保持、水利工程、水文、自然地理、林学、农学、园艺、农经、计算机等多种专业。

50多年来，黄委西峰水土保持科学试验站累计取得科研成果100多项，其中国家级奖励5项（次），省部级以上奖励40项（次），出版专著9部，拍摄《小流域综合治理》科教片1部，先后被甘肃省人民政府评为"植树造林先进单位"、"科技示范先进单位"，多次受到国家部委和地方各级政府的表彰奖励。先后与苏联、加拿大、英国、日本、美国、荷兰、澳大利亚等18个国家和国内外专家、学者进行科学考察与学术交流，也6次派员出国考察学习，并培训各类专业技术人员上万人次。

8.1.4　黄委绥德水土保持科学试验站

黄委绥德水土保持科学试验站始建于1952年，单位设在陕西省绥德县，隶属黄河上中游管理局管理。其主要任务是研究黄土丘陵沟壑区第一副区水土流失规律，探索小流域水土保持措施的综合配置，开展各种单项措施的试验研究和示范推广工作。

黄委绥德水土保持科学试验站有韭园沟、辛店沟试验场和桥沟3个综合治理试验示范样板和水土保持试验基地，布设有野外大型径流场和径流小区，共有径流监测站7个、雨量站24个、气象园1处、径流场18个。

建站50多年来，黄委绥德水土保持科学试验站已逐步发展成为一个具备多学科的综合试验研究机构，全站下设17个科室，现有在职职工156人，其中高级工程师12人，工程师26人，初级职称37人，涉及水土保持、水工、水文、测量、林学、农作、地质、园艺、计算机等20多个专业。拥有土壤、水沙、植物养分分析实验室和定氮仪、小气候观测仪、颗分仪及扫描仪、绘图仪、刻录机等先进的科研仪器设备60多台（件），图书馆藏书近万册，各种科技期刊300多种，内部科技资料8 000多册，已成为黄河流域一支重要的水保科研力量。

经过几代水土保持科研工作者的不懈努力，进行了600多个专题的试验研究，取得了130多项科研成果，其中国家级科研成果3项，省（部）级科研成果37项，先后撰写水保科技论文、报告1 000多篇，出版专著4部，汇编成果集5册，公开发表、交流论文340篇。这些重大成果在水土保持治理实践中得到了广泛的推广和应用，产生了巨大的生态、经济效益和社会效益，为我国水土保持事业的起步、发展和黄河流域的治理与开发作出了重要贡献，曾多次受到国务院和地方政府的表彰。

8.2 研究成果

黄河流域水土保持的科学研究，以水土保持科研站、所定位试验为基础，加上有关科研单位、大专院校等多种形式的科研合作活动，初步摸清了小流域的侵蚀规律，对坡面、沟道的治理研究，给群众性治坡、治沟起到了示范作用。特别是20世纪80年代以来，对较大流域降雨与产沙规律的研究、小流域综合治理研究、人类活动对土壤侵蚀加剧作用和控制作用的研究，取得十分丰富的成果，不仅加深了对水土流失规律的认识，丰富了水土保持工作的内涵和外

延，有力地推动了黄河流域的水土保
持工作，同时对科学治黄的宏观决策
和国家法律、法规的制定提供了科学
依据。

8.2.1 水土流失规律研究

黄河流域各地的水保科研站、所
对水土保持的研究，多从研究水土流
失规律开始。主要的方法是坡面布设
径流小区，观测降雨、地形（主要是
坡度和坡长）、植被、土壤等项因素对水土流失的影响。20世纪60年代初期，
有的站、所开始采用人工降雨模拟试验，以弥补天然降雨在雨量、强度等方面
的局限。几十年来，各地取得了大量观测、试验资料，通过整理、分析，提出
了适应于不同情况下的水土流失方程式，对未来可能产生的水土流失量进行了
预测，使水土流失规律的研究从单项因素发展到多因素的组合，提高了研究水
平。

近年来，在国家自然科学基金、国家"973"计划、国家"948"引进计
划、水利部科技创新以及黄委治黄科研专项等各级科技计划的支持下，重点开
展了黄河中游不同类型区土壤侵蚀过程与机理、水土流失的环境效应评价理论
与指标体系、区域水土流失过程与趋势分析、黄河多沙粗沙区分布式产沙数学

模型关键技术问题初步研
究、黄河多沙粗沙区分布
式土壤流失评价预测模型
研究、黄河下游分组泥沙
输移特性及粗泥沙来源区
水土保持措施减沙效益分
析、坡面及沟道侵蚀耦合
关系及其侵蚀产沙效应、
沟道侵蚀机理及规律研

揪沟径流场全景

究、坡面水力侵蚀发生演变过程中的动力学机制及其下垫面的相互关系等基础理论和基础研究工作，为探索水土流失规律提供了技术支撑。

8.2.1.1 水力侵蚀规律

1）水力侵蚀

在黄河流域，水力侵蚀是分布最广、最主要的侵蚀方式。水土流失的主要地形部位是坡面和沟壑。因产生侵蚀的部位不同，分为面蚀和沟蚀。此外，还有发生的沟头、沟边的陷穴、穿洞等重力侵蚀。影响水力侵蚀的因素主要是降雨、径流和下垫面。观测资料研究表明，面蚀过程中溅蚀产沙量的大小是地面坡度的函数，土壤颗粒移动的平均距离随坡度的增加而增大；在坡耕地，当径流深大于3倍雨滴直径时，溅蚀演变为片状侵蚀；把同一流路上的线形小凹地逐步连接起来，形成宽、深变化在1~20 cm的细沟形态，即演变为细沟侵蚀。

坡面径流小区观测　　　　　　　　　　　梯田径流小区观测

林地与开垦地人工降雨试验表明，当坡度小于30°时，细沟侵蚀占总侵蚀量的57.7%，当坡度小于20°时，细沟侵蚀仅占总侵蚀量的17.73%。在黄土高原沟壑区，沟蚀一般均占总侵蚀量的70%以上，有的高达90%；黄土丘陵沟壑区，沟蚀占60%~80%。因此，沟蚀是黄土高原主要侵蚀产沙方式。

2）水力侵蚀量

黄河流域水土保持科研站、所，地方科研部门和有关大专院校，运用小区径流观测资料、人工降雨试验资料以及大、中、小流域水文观测资料，除采用典型现场调查相结合的方法推算大面积的侵蚀量外，还先后提出了一些水土流失方程和降雨产沙模型，计算侵蚀产沙量以满足水保工程设计和流域规划治理及估算水土保持拦蓄效益的需要。

1953年，黄委刘善建根据天水水土保持科学试验站的径流小区观测资料，提出了用于计算坡耕地年侵蚀量的经验方程，在黄土高原土壤侵蚀规律研究史上尚属首次。20世纪60年代，黄河水利科学研究所根据天水水土保持科学试验站的径流小区观测资料，建立了适用于黄土丘陵沟壑区第三副区的土壤侵蚀预报方程；其间，天水水土保持科学试验站也建立了适用于黄土丘陵沟壑区第三副区的土壤流失方程。20世纪70年代，美国通用流失方程（USLE）引入我国，一些学者根据各自研究对象的具体情况，对其参数进行了相应修正，先后在黄土高原地区建立了若干土壤流失预报方程。如20世纪70年代末，中国科学院西北水土保持研究所江忠善等根据陕北、晋西、陇东南黄土丘陵沟壑区10条典型沟道小流域（面积0.18~187 km^2）的实测资料，经多元回归分析，建立了未治理小流域的次暴雨洪水产沙量预报方程。这一时期，牟金泽等根据陕北子洲岔巴沟流域的实测资料，经多元回归分析，也建立了流域一次暴雨和全年的产沙量预报方程。南京大学尹国康等根据晋、陕、甘黄土丘陵沟壑区58个小流域（面积0.19~329 km^2）的观测和调查资料，建立了小流域年产沙模型。黄河水利科学研究所建立了适用于黄土丘陵沟壑区坡耕地的土壤侵蚀方程。

1987年以来，为研究黄河水沙变化，众多研究者极力探寻大中流域降雨产沙关系，进而建立经验或概念性模型，在此基础上，黄委水科院张胜利等合著的《水土保持减水减沙效益分析计算》一书，把降雨产沙数学模型大致概括为四种类型：一是以汛期有效雨量和汛期有效雨强为指标与年产沙量建立关系；二是以特征降雨模比系数为雨强指标的降雨产沙关系；三是以不同雨强累积雨量为指标与产沙量建立关系；四是流域暴雨产沙模型。

在室内人工降雨控制技术方面，虽然开展了多年的研究，但目前仍有两个突出问题亟待解决：一是如何做到实际过程控制和动力过程的相似性；二是当雨强较小时，雾化现象的处理。黄土高原降雨具有场次雨强变化大、历时短等突出特征，因而，在开展黄土高原人工降雨模型试验中，这些问题都是需要进行改进和完善的。此外，侵蚀产沙过程中水流含沙量等水力学参数的在线测量问题也一直是一个亟待解决的难题。即目前模拟试验方面的问题主要集中在3个方面：一是室内模型建造的缩放比大小及其与野外的相似性问题；二是人工模拟降雨与天然降雨的相似性问题；三是室内外试验过程中水力参数的在线测量技术问题。

2007年11月5日，历时近两年时间精心筹备的黄土高原水土流失数学模型研发工作正式启动。黄土高原水土流失数学模型的研发将主要满足治黄的三大需求，即黄土高原水土流失治理工程规划设计和运行的需求，水土流失治理效益科学评价的需求，黄河水沙调控体系调度运用的需求。模型研发将以现代数值模拟理论和方法以及遥感、地理信息系统、全球定位系统为支撑，按照综合考虑、统一标准、由易到难、分步研发的原则，充分借鉴和吸收国内外水土流失模型研究的成功经验和教训，从实测资料较为丰富的流域模型构建入手，逐步构建黄土高原主要分区的流域经验模型和机理模型，最终形成经验模型与机理模型耦合且在生产实践中可应用的黄土高原水土流失模型体系。

黄土高原水土流失数学模型的研发是一个长期、复杂的过程，2007~2010年，将初步构建黄土高原水土流失数学模型体系框架，在完成典型小流域的经验模型和机理模型建设的同时，开展重点支流次暴雨洪水泥沙预报模型的设计，并提出下一步研究对策和主要内容。

经过多年的工作，黄河上中游管理局在模型黄土高原工程的原型观测和数学模型开发方面取得了新的进展。

一是基本完成了原型观测工程建设任务。为满足模型黄土高原建设和数学模型开发的需要，2004年开始实

雨量站观测设备与设施

施"典型小流域原型观测实施方案"，调整并加强了黄委绥德、天水和西峰野外水土流失观测站网布局和观测内容。经过3年的建设，完成和基本完成了建设任务。黄委绥德、天水和西峰水土保持科学试验站通过原型观测工程建设，引进了先进的观测设备和设施，进一步充实了观测内容，提升了观测能力，使模型黄土高原的硬件设施建设又向前迈进了一步。

二是完成了一批土壤侵蚀规律研究成果和统计模型。2007年6月下旬，在黄委验收通过的"十五"重大治黄科研专项课题中，一些课题组提出了土壤侵蚀机理和水土流失规律的主要影响因子，并建立了统计模型。在黄土高塬沟壑区典型小流域水土流失规律及水保治理效益分析研究项目中，通过对近50年的观测资料进行了总结分析，开展了涉及降雨、植被、坡度、坡长等因子的模型研究，在继承前人研究成果的基础上，提出了水土流失与降雨、坡度、坡长等相关因子的数学模型，并通过了黄委组织的专家评审。在泥质砂岩地区水土流失现状及其治理途径调研项目中，对位于黄河中游粗泥沙集中来源区的泥质砂岩地区基岩侵蚀的现状和成因进行了研究，其成果对指导泥质砂岩区的水土流失治理具有重要的参考价值。在大理河流域水土保持生态工程建设的减沙作用研究项目中，利用绥德站的观测资料，研究了人工植被和梯田的减沙机理，揭示了梯田和不同植被在不同覆盖度下的侵蚀状况。

三是开展了原型观测数据的整编工作。黄委绥德、天水和西峰水土保持科学试验站典型小流域原型观测获得了大量数据，目前黄河上中游管理局正组织黄河流域水土保持生态环境监测中心和黄委绥德、天水和西峰水土保持科学试验站进行这些数据的分析和整编工作。

8.2.1.2 重力侵蚀规律

根据斜坡岩土的运动特征，黄土高原的重力侵蚀主要有滑坡、滑塌、崩坍和泻溜等侵蚀方式。影响的主要因素有地震及其他振动力、风化作用、降雨和人类活动等。

重力侵蚀的产沙作用越来越受到人们的重视，但其产沙量的测算工作，还是一个尚待解决的问题。主要原因是黄土高原水土流失的观测研究工作多侧重于水力侵蚀，有关重力侵蚀的观测研究工作很少。滑坡、崩坍产生的泥沙往往只有部分被流水带走，输移比因时因地变化很大。重力侵蚀又往往是沟蚀的伴生物，两者产生的泥沙很难区分。因此，有关资料很少，可信度也低。重力侵蚀量多采用直接量测法和调查法求得。

8.2.1.3 风力侵蚀规律

黄土高原北部干旱、少雨、多风，风力侵蚀占重要地位。风力侵蚀的主要方式是片状吹蚀、磨蚀及局部的沙体移动。据观测，3级以上的风力情况下，小于0.1 mm粒径的沙粒就可以吹扬至空中，产生物质流，形成土壤侵蚀，而黄土颗粒粒径多在0.05~0.005 mm，因此极易发生风蚀。黄土高原受风力侵蚀和风沙危害的面积可达20多万 km²，主要分布在长城沿线以北、阴山以南、贺兰山以东、大同到呼和浩特一线以西，包括风沙区、干旱草原区和黄土丘陵第五副区、第一副区的一部分。

风力侵蚀与产沙量的关系，近年来不少学者进行了大量观测研究。中国科学院地理研究所景可等认为，风力侵蚀量与风力侵蚀产沙量是两个不同的概念，凡经风力吹扬的沙均可称为风力侵蚀量，只有进入黄河的那部分才算产沙，他认为，风力侵蚀产沙量占黄河年平均输沙量的3%~4%。据调查，在榆林、神木、定边、横山等风沙区，年风蚀模数达2 700~6 750 t/km²。

8.2.1.4 侵蚀、产沙与输移

侵蚀与产沙的研究表明，土壤侵蚀是产沙的必要条件，产沙则是某一集水区内侵蚀物质向其出口断面有效输移的一种运行过程，其输移到出口断面的数量称为产沙量。在流域水文过程中，侵蚀与产沙是两个子过程，产沙过程包含沉积。一般情况下，侵蚀量不等于产沙量，产沙量只是侵蚀量的一部分，这一部分占侵蚀量的比例，通常用泥沙输移比表示，其大小取决于侵蚀环境和泥沙输移环境，但无论如何，产沙量不大于同时段的侵蚀量，只有当泥沙输移比接近于1时，产沙量才有可能等于侵蚀量。在黄土高原，特别是重点产沙区，具有特殊的侵蚀环境和特殊的产沙环境，产沙量与侵蚀量比较接近。

20世纪70年代中期，黄委龚时旸、熊贵枢等研究黄土高原泥沙输移比认为，河口镇至龙门区间（以下简称河龙区间）黄土丘陵沟壑区，尤其是无定河流域，泥沙输移比接近于1。20世纪80年代，黄科院牟金泽、孟庆枚运用B.A拜格诺—王尚毅"自动悬浮"理论，进一步论证了无定河大理河支流的泥沙输移比接近于1。

一般来讲，流域越小，侵蚀、产沙环境因子差异越小，泥沙输移比较稳定；流域越大，侵蚀、产沙环境因子差异越大，流域内不同区域泥沙输移比就相差越大。因此，不能笼统地不分时段、流域及观测断面，将泥沙输移比视为一个固定值，而简单地用输沙模数代替侵蚀模数。

8.2.2 人为新增水土流失

黄河流域的侵蚀演变，经历了由自然侵蚀到加速侵蚀的发展过程。

自然侵蚀是指没有人类活动参与的地质过程的侵蚀。1983年，中国科学院地理研究所景可、叶青超等研究认为，黄土高原全新世中期（距今6 000~3 000年）年侵蚀量约为9.75亿t。1992年，李元芳根据史书记载、沉积物特性和^{14}C测年值等资料，认为当时黄土高原土壤侵蚀量为6.5亿t。因此，可以认为在历史上人类活动影响较小情况下，黄土高原自然侵蚀量为6.5亿~9.75亿t。

加速侵蚀是指受人类活动影响而增加的土壤侵蚀。人为加速侵蚀主要表现为农业生产活动中的毁林、毁草、陡坡开荒，以及工矿、交通、水利等基本建设造成的新增侵蚀。造成毁林、毁草、陡坡开荒的原因是多方面的，不利的环境背景是潜

开发建设中新增水土流失量观测

在条件，人口的过快增长是直接动力，而政策性失误则是触发性因素。开荒对加速侵蚀的影响，主要是破坏了能够改良土壤的性状及防止土壤侵蚀的植被覆盖。大规模掠夺式开采，剥离表土，破坏植被，移动岩石土体，人为新增水土流失日益加剧，引发多种自然灾害，会造成人民群众生命财产的重大损失，增加治理难度和治理任务。据黄河上中游管理局统计，新中国成立以来，黄河上中游地区新增水土流失面积5万多 km²；在晋陕蒙接壤地区，由于开发建设引起的人为植被破坏2万多hm²，弃土弃渣4亿多t，新增水土流失每年向黄河输入泥沙3 000多万t。

8.2.3 水土保持措施

水土保持措施的试验研究，包括了水土保持农业措施、林业措施、牧草措施、工程措施和小流域综合治理等。

8.2.3.1 水土保持农业措施

水土保持农业措施试验主要是指在坡耕地上进行的各项蓄水保土农业的增产措施的试验。它主要包括了等高耕作、等高带状种植、沟垄耕作、三角窝种、丰产沟耕作法、草田带状间作、草田轮作、覆盖耕作、选用良种、合理密植、豆禾作物间作套种、混播复种等措施。

天水水土保持科学试验站1958年将梁家坪试验场近4 hm²坡地和坡式梯田全部修平，粮食产量比原坡地提高2.1倍，比原坡式梯田提高1倍。1980年对坡式梯田如何加速变平和缩短变平时间，进一步作了研究。采取的主要措施是：埂下取土，就近培修加高；用山地步犁向下耕翻，中耕时也向下刨土；暴雨泥沙淤垫加高；每年向下移动的土方量与修平梯田所需土方量的比值，即得出各种不同坡度、不同宽度坡式梯田变平时间为9~18年。绥德水土保持科学试验站对新修水平梯田进行深翻试验，据观测，深耕24 cm比耕12 cm的可增加粮食产量8.7%~26.7%。西峰水土保持科学试验站1958年试验，新修水平梯田在未保留表土的情况下，每公顷施农家混合肥37 500~75 000 kg，种黄豆或马铃薯，比原坡地（每公顷施农家肥15 000 kg）增产1~2倍。黄委3个水土保持科学试验站先后进行的水土保持耕作措施、土壤改良措施及作物栽培措施的试验研究，成功地试验了沟垄耕作等7种水土保持耕作技术，取得了坝地盐碱化改良、梯田坝地作物选择及栽培技术、土壤水肥变化规律等研究成果，为发展当地农业生产提供了科学的理论依据。

玉米增产试验

8.2.3.2 水土保持林业措施

水土保持林业措施的试验主要包括了水土保持优良树种引种、水土保持林体系配置、混交林型、林带结构与密度、水土保持造林与营林技术试验等内容。

育苗基地　　　　　　　　　　　　　　　　果园滴灌试验

　　天水水土保持科学试验站从20世纪50年代开始，就进行沙棘造林研究。沙棘适应性强，在黄土陡坡或红土裸露地栽植、扦插，根蘖繁殖均能正常生长；每公顷栽植1 665~2 670株，3年即可郁闭成林，2~3年可平茬一次，获大量枝条。在天水市黎家坪村推广，共有27户农民，种植沙棘林10 hm²，一次收茬12.5万kg，户均4 600 kg，基本解决一年燃料问题。西峰水土保持科学试验站1983年在南小河沟苗圃条播沙棘育苗，每公顷产苗近万株，可供近14 hm²造林用苗。通过开展水土保持林、经济林的引种、配置和栽培技术的试验研究，绥德水土保持科学试验站在辛店试验场成功建立了陕北第一块山地果园；西峰水土保持科学试验站在南小河沟成功建立了"陇东第一园"，开创了陇东地区苹果成园栽培和陕北地区山地苹果栽培的历史，为黄土高原果园建设树立了样板，为果业成为黄土高原适生区经济支柱产业发挥了极其重要的作用。

8.2.3.3 水土保持牧草措施

　　水土保持牧草措施试验包括优良牧草引种选育及驯化试验、退耕坡地种草技术试验、天然荒坡种草及封育草技术试验和牧草生态产品转化等。黄委绥德、天水和西峰水土保持科学试验站选育出一批适宜本区生长的优良牧草，为黄土丘陵沟壑区建立人工草地、解决"三料"、发展生产起到了积极推动作用。黄委绥德、天水和西峰水土保持科学试验站主持完成的"早熟沙打旺选育和应用"、"小冠花引种栽培试验"和"多变小冠花栽培技术研究"等6项科研项目获得省部级以上科技成果奖。试验推广的改天然草地为人工草地、改土种羊为细毛羊和改放牧为舍饲等措施，有效地解决了林牧矛盾，保护和发展了当地的林草资源，目前仍为黄土高原牧业发展的主要措施。

牧草——沙打旺草圃　　　　　　　　　旱地甘草移栽试验

8.2.3.4 水土保持工程措施试验

　　水土保持工程措施试验的目的在于寻求不同地形部位，不同土地类型，不同土壤、地质、降雨条件下，控制水土流失作用大、增加生产效益高的工程模式，如水平梯田、淤地坝、治沟骨干工程。试验研究内容主要包括工程的结构形式、工程的规格尺寸、施工方法、建筑材料和最优的配置方案等，包括治坡工程试验和治沟工程试验。20世纪50年代初，绥德水土保持科学试验站率先开展坡面和沟道工程措施的试验研究，1952年绥德水土保持科学试验站在韭园沟修建陕北第一座大型淤地坝，1957年，又在辛店试验场试验修筑陕北第一块水平梯田。绥德水土保持科学试验站与黄河水利科学研究所（现黄河水利科学研究院）合作，成功地试验了水力冲填筑坝技术，建立韭园沟坝系实体样板。总结提出水平梯田的规划、设计、施工和坝系建设与利用原则等成套理论，在黄河中游地区得到了大面积的推广和应用。进入20世纪90年代，由单坝研究转入以流域为单元的坝系试验研究，先后主持完成了"黄丘一副区坝系规划布设与利用研究"、"多沙粗沙区沟道流域淤地坝系相对稳定研究"等多项国家级项目，取得省部级以上科技成果奖4项。西峰水土保持科学试验站

水坠筑坝试验

提出和推广的缓坡兴建梯田及栽植地埂黄花、紫穗槐等措施，取得了显著的效益，成为广大群众普遍乐于接受的缓坡水土流失治理措施。

总之，经过50多年的探索与试验，已取得了水平梯田最优断面设计、土方平衡计算、统筹法施工、机械化施工、表土还原、新修梯田土壤熟化及增产措施等重要成果，研究出淤地坝系规划与布局方法、设计洪水标准、坝系相对稳定的条件与标准以及坝地防洪、拦泥与生产相结合的综合利用方法，成功地进行了水坠筑坝技术试验，并大规模推广应用于黄土高原的淤地坝建设中。

8.2.4 小流域综合治理试验

半个多世纪以来，黄河流域开展了大规模的水土流失治理，取得了显著成绩。特别是探索出了以小流域为单元，以淤地坝为主要工程措施、农林牧相结合的综合治理途径。截至2005年底，水土流失初步综合治理面积累计达到18万km²，其中一大批综合治理的小流域，其治理程度已达70%以上，成为当地发展农林牧副业的生产基地，解决了1 000多万人口的温饱问题，在一定程度上改善了农业生产条件和生态环境，综合经济效益达2 000多亿元；同时，年均减少入黄泥沙3亿t，减缓了黄河下游河床的淤积抬升，为黄河安澜作出了一定的贡献。

水土流失是中国头号环境问题。由于水土流失造成生态环境的不断恶化，是导致农业的相对贫困、农村衰落和农民贫困的根源。建设社会主义新农村，难点在广大的贫困地区，攻坚点在水土流失严重的地区。当前新农村建设的中心任务是发展农村生产力，就是大力加强农村基础设施建设，改善农民的生产生活和人居条件，促进农民收入持

以城郊型、生态型、经济型的发展模式为主的小流域综合治理

续增长。小流域综合治理正是遵循"治理一条流域，发展一方经济，造福一方百姓"原则的同时，合理利用和保护水土资源，增加资源的利用率和承载力；增强农村的发展潜力和空间，提高农村生态环境质量，改善人居环境，保障乡村经济社会的可持续发展。所以，小流域综合治理是加强农村基础设施和推动乡村建设的重要举措，为农业增产、农民增收和农村经济发展发挥了显著的生态、经济效益和社会效益。

8.2.4.1 "三道防线"和"四个生态经济带"小流域综合治理模式

"三道防线"综合治理模式，即"塬面修建条田和沟头防护工程；沟坡整地造林，发展果园，种植牧草；沟道修建拦蓄工程，营造防冲林"。"四个生态经济带"即"塬面农业生态经济带，塬边林果生态经济带，沟坡草灌生态经济带，沟底水利生态经济带"。该治理模式在泾河流域推广后，取得了显著的蓄水保土效益。采取"三道防线"治理模式所建立的南小河沟流域综合治理典型，根据1955~1974年的观测资料对比分析，治理程度达58%，多年平均拦蓄径流效益55.6%，拦蓄泥沙效益97.2%，其中土坝和土谷坊等工程措施拦沙量占总拦沙量的82.3%；粮食产量提高了2倍，木材蓄积量达12 400 m^3。流域内的杨家沟是以林草措施为主综合治理支毛沟的典型，林草覆盖率在80%以上，拦蓄径流效益57.9%，拦蓄泥沙效益81.3%。这一典型已在甘肃省庆阳地区140多条小流域和部分大、中流域中推广，面积达8 400 km^2。

1987年，黄委西峰水土保持科学试验站针对黄土高塬沟壑区径流泥沙来源的自然规律，在砚瓦川流域进行了农林牧生态结构优化模式试验研究，提出了"四个生态经济带"的综合治理模式。该模式视小流域为开放的生态经济系统，按照"把既具有相同的经济发展方向，又具有类似的生态环境问题而需要改造的地带划分为同一条生态经济带"的原则和方法，将小流域生态经济系统划分为"塬面农业生态经济带，塬边林果生态经济带，沟坡草灌生态经济带，沟底水利生态经济带"。该治理模式突出强调经济效益、生态效益和拦泥蓄水效益三者兼顾，明确提出"要把小流域综合治理同发展农村商品经济相结合，积极为当地经济发展服务"，寻求和探索了既有利于自然生态环境改善，又有利于生产经济发展的合理途径，引进和开发了一些生态经济型治理措施。

8.2.4.2 猪—沼—果小流域综合治理模式

随着水土保持工作指导思想的转变，如何巩固和发展治理开发的成果，增加水土保持的科技含量，提高水土保持的经济效益，成为摆在水土保持工作者面前的一个重要课题。近几年来，在水土流失严重地区蓬勃兴起的"猪—沼—果"工程在水土保持三大效益和各种治理措施的结合方面做了一些有益的探索，取得了较为明显的成效。实践证明，"猪—沼—果"工程不失为新时期水土保持综合治理方面的一种新的模式。

猪—沼—果工程简单来说是一种水土保持模式化工程，集养猪、沼气生产、保护地种植、产肥为一体的"四位一体"的生态大棚。猪—沼—果工程是以小流域为单元，以农户为基础，把养殖业（猪）、农村能源建设（沼）、种植业（果）有机地结合起来，以沼气为纽带，带动生猪和果业等产业的发展，它的良性循环生产模式，不仅缓解水土流失区能源紧缺的矛盾，而且为水土流失治理开发提供优质高效的肥源，加快水土流失治理步伐，促进生态农业建设，受到国家的重点奖励，更会给使用者带来非常好的经济效益，解决了农民的燃料问题，改善了区域生态环境，调整了农业产业结构，增加农民收入，发挥了巨大作用。

猪—沼—果工程的形成和兴起，经历了一个较长的发展过程。早在20世纪70年代初期，为了解决农村能源问题，一些地方就开始兴办沼气。由于当时的技术和建筑材料等原因，产气率低、换料难，加上开发目标单一，综合效益不大，群众积极性不高，因而此项工作难以推广。20世纪80年代后期，随着科学技术的进步，强回流式沼气池研制成功，为沼气的推广创造了条件。新型的强回流式沼气池具有进料自流、出料方便、产气率高、无异味、全年可使用等优点，容易被群众所接受。进入20世纪90年代以后，沼气、沼液、沼渣"三沼"综合利用技术的研究、试验、推广取得较大进展，使多项农业增产实用技术有机地结合起来，特别是与水土保持的治理开发、发展小流域经济、帮助群众脱贫致富相结合，使沼气的发展进入了一个新的阶段。经过几年的探索和完善，逐步形成了现在的水土保持小流域综合治理"猪—沼—果工程"模式。由于猪-沼-果工程具有明显的生态、社会效益和经济效益，深受农民特别是水土流失区农民群众的欢迎，所以一经出现，就得到了较快的发展。

水土流失严重的地方，由于树木零星、植被稀少，燃料、肥料、饲料、木料"四料"俱缺，特别是群众烧柴极为困难。1996年，在陕西省太白县进行了猪—沼—果工程小流域综合治理模式探索。太白县由于"四料"的紧缺，进一步加剧了对山地植被的破坏，扒松毛、砍幼树、割茅草、铲草皮等现象随处可见，而林草植被难于保护又使得水土流失越来越严重，生态环境不断恶化。沼气的利用，猪—沼—果工程的建设，增加了农村能源。每个农户只要建起一口$6\sim8\ m^3$的沼气池，每天就可产沼气$2.1\ m^3$以上，其产生的热量相当于$1.5\ kg$标准煤。推广使用每小时耗气$0.6\ m^3$的电子沼气灶，可连续使用$3.5\ h$；若用于照明，可以同时点亮相当于$40\ W$电灯的沼气灯10盏持续$3\ h$。沼气池一年四季均可产气，一户一池可以保证长年生活所需燃料。据测算，每个建池户每年可节约木柴$6\ m^3$以上，全省近40万个沼气池，每年可节约薪材240万m^3。沼气池的大力推广，有效地保护了山林植被，巩固了水土保持治理开发成果，防治了水土流失。

第9章　水土保持管理

　　水土保持管理是保证水土保持各项工作顺利开展取得成效的必不可少的关键措施。经过多年努力，黄河流域已形成由流域机构、地方各级水行政主管部门、基层水土保持站组成的水土保持工作管理体系。

9.1　水土保持管理机构

　　新中国成立以来，为了适应大规模开展水土保持的需要，黄河流域各省（区）先后建立了水土保持的领导机构（水土保持委员会）、管理机构（水土保持局、处）和科研机构（水土保持科学试验站、研究所），形成了比较完整的工作体系。其中科研机构（水土保持科学试验站、研究所）在第8章中已有简述，本节重点介绍水土保持的领导机构（水土保持委员会）、管理机构（水土保持局、处）基本职能及主要情况。

9.1.1 领导机构

国家水土保持领导机构主要包括水利部、黄河水利委员会、黄河中游水土保持委员会和晋陕蒙接壤地区资源开发与环境保护领导小组等。其主要任务是，拟定水土保持工作的方针政策、发展战略和中长期规划，组织起草有关法律法规并监督实施。此处主要介绍黄河中游水土保持委员会和晋陕蒙接境地区资源开发与环境保护领导小组。

9.1.1.1 黄河中游水土保持委员会

黄河中游水土保持委员会成立于1964年8月，总部设在西安。黄河中游水土保持委员会主任委员由陕西省省长兼任，副主任委员由国家计划委员会副主任、水利部副部长兼任，委员包括山西、内蒙古、青海、宁夏、河南、陕西等省（自治区）的分管副省长（副主席）和黄河水利委员会主任及水利部、国家计划委员会、财政部、农业部等有关司（局）的负责人。委员会的秘书长由黄河水利委员会主任兼任，委员会办公室设在黄河上中游管理局，由其局长兼任办公室主任。

黄河中游水土保持委员会是黄河中游地区水土保持工作高层次议事、协调、组织、决策机构。其职责是研究确定黄河中游地区水土保持工作的治理方略和发展思路，总结工作经验，推广先进治理技术，就黄河中游水土保持生态建设与保护的重大关键问题提出政策性措施与对策，协调促进黄河中游水土保持工作的健康发展。

黄河中游水土保持委员会至今共召开了10次会议。

第一次会议，于1981年11月1~6日在西安召开。会议总结回顾了30年来水土保持工作的成绩和经验，分析了水土保持的现状，提出了"治理与预防并重，除害与兴利结合；工程措施与植物措施并重，乔灌草结合，草灌先行；坡沟兼治，因地制宜；以小流域为单元，统一规划，分期实施，综合治理，集中治理，连续治理"的基本要求。

第二次会议，于1986年12月1~5日在西安召开。会议分析了黄河中上游地区水土保持工作发展情况，研究确定了"七五"期间黄河中上游地区水土保持工作的指导思想和方针是"提高质量，稳定速度，突出效益，坚决保护"。

第三次会议，于1996年2月14、15日在西安召开。会议回顾总结了"八五"以来黄河中游水土保持工作情况，提出了"九五"计划要点，安排了1996年的工作。会议提出了"九五"期间，每年治理1.21万km²的目标任务。

第四次会议，于1997年5月8日在山西省太原市召开。这次会议的主要任务是贯彻全国第六次水土保持工作会议精神，总结黄河中游水土保持委员会第三次会议以来的工作，安排部署1997年的工作，重点研究了如何贯彻落实邹家华副总理的批示精神，加大投入力度，进一步加快黄河中游水土保持步伐的问题。会议通过了呈报国务院的《关于加强黄河中游水土保持综合治理的报告》。

第五次会议，于1998年6月15日在甘肃省兰州市召开。这次会议的中心议题是贯彻党的十五大和全国九届人大会议精神，落实江总书记"再造一个山川秀美的西北地区"重要批示，总结1997年黄河中游地区水土保持工作，对1998年及其后一个时期黄河中游的水土保持工作进行了安排部署。提出了水土保持10年初见成效，30年大见成效的奋斗目标。

第六次会议，于2001年6月19日在内蒙古自治区呼和浩特市召开。会议主题是西部大开发与黄河水土保持生态建设，主要任务是全面贯彻党的十五届五中全会和九届人大四次会议精神。会议提出了黄河流域水土保持生态建设和保护的总体目标是：用大约50年的时间，建立起比较完善的监测和保护体系，使适宜治理的水土流失地区基本得到治理，大部分地区生态环境明显改善，基本实现山川秀美。

第七次会议，于2003年11月8日在山西省太原市召开。会议主题是全面启动并加快黄土高原地区淤地坝建设。会议确定的近期总体目标是：到2010年，完成水土流失治理面积12.1万km²，建设淤地坝6万座，初步建成25条重点支流（片）较为完善的沟道坝系，新增坝地18万hm²，退耕80万hm²陡坡地，封禁保护近14万hm²，基本遏制黄土高原水土流失严重的状况。

第八次会议，于2005年9月13日在青海省西宁市召开。会议主题是"治理水土流失，构建和谐社会"，研究确定"十一五"期间黄河上中游地区水土保持生态建设的工作思路和奋斗目标，安排部署近期重点工作。会议通过了呈报国务院的《关于加快黄河上中游地区水土流失防治工作的建议》。

第九次会议，于2007年9月7日在宁夏回族自治区银川市召开，会议主题是淤地坝建设与构建和谐社会，总结了黄土高原淤地坝建设工作，明确了黄土高原地区淤地坝建设发展思路，交流了2003年黄河中游水土保持委员会第七次会议全面启动淤地坝建设和第八次会议以来的水土保持工作，分析了新的形势和任务，提出了国家有关部委充分考虑黄土高原地区水土流失严重、生态环境恶劣、经济社会发展滞后的实际情况，加大中央投资力度，扩大中央投资比例，拓展淤地坝建设范围，推进黄土高原淤地坝建设快速、健康、深入发展，为实现黄河泥沙的快速减少、生态环境的大面积恢复和改善、区域和谐社会建设创造坚实的基础，部署了其后两年的重点工作。

第十次会议，于2010年10月9日在河南省洛阳市召开，会议主题是抓住新一轮西部大开发战略机遇，推动黄河上中游水土保持又好又快发展。会议总结了"十一五"期间黄河上中游地区水土保持工作，明确了"十二五"工作目标与重点任务，讨论通过了呈报国务院的建议报告。

9.1.1.2 晋陕蒙接壤地区资源开发与环境保护领导小组

1989年由水利部农水司、国家计委国土司牵头，晋、陕、蒙三省（区）有关行政及主管部门、黄河中游治理局、华能精煤公司等有关单位组成了"晋陕蒙接壤地区水土保持工作协调小组"。为了更有效地协调管理晋陕蒙接壤地区资源开发与生态环境保护工作，后又升格为"晋陕蒙接壤地区资源开发与环境保护领导小组"（以下简称领导小组），成员单位包括原国家计委、水利部、煤炭部、国家环保总局、财政部、国家科委、林业部、农业部、地矿部、电力部、国家土地局、中国科学院、三省（区）人民政府、石油天然气总公司和黄委黄河上中游管理局等17个单位，其中原国家计委为组长单位，水利部和国家环保总局为副组长单位。

领导小组的职责是：统筹研究资源开发、环境保护、水土保持、植树造林、农牧业发展、国土开发整治等问题；组织编制资源开发与环境保护综合规划；组织开展典型示范和科学研究。

9.1.2　管理机构

主要为隶属中央部委的水土保持管理机构，包括水利部水土保持司、黄委水土保持局和黄河上中游管理局。其主要任务是，大力推进水土保持协调管理和宣传水土保持法律法规，积极开展水土流失综合治理，努力改善生态环境。

9.1.2.1 水利部水土保持司

水利部水土保持司的主要职责为：管理全国水土保持工作，协调水土流失综合防治；组织拟定和监督实施水土保持政策、法规；组织编制水土保持规划、技术标准并监督实施；负责开发建设项目水土保持方案的管理工作；承办中央立项的大型开发建设项目水土保持方案的审批和监督实施工作；组织水土流失动态监测并定期公告；组织、指导、协调水土流失重点防治区综合防治工作；制定全国水土保持工程措施规划并组织实施；指导并监督重点水土保持建设项目的实施；组织推广水土保持科研成果；指导水土保持服务体系建设；承担水利部绿化委员会的日常工作；承办部领导交办的其他事项。

9.1.2.2 黄河水利委员会水土保持局

黄委水土保持局的主要职能是：负责黄河流域水土保持工作行业管理；指

导、协调流域水土保持生态建设和预防监督工作；负责组织水土保持监测系统的现代化建设；负责对有关水土保持法律、法规的执行情况进行监督；负责对水土保持重大项目的实施进行监督。

9.1.2.3 黄河上中游管理局

黄河上中游管理局成立于1980年，总部设在西安，是水利部黄河水利委员会的派出机构，负责黄河流域8省（区）近70万km²的水土保持综合治理、预防监督、管理工作和黄河上中游6省（区）4 200 km黄河干流及2 400 km主要支流的水行政、水资源及河道的管理工作。同时，作为黄河中游水土保持委员会和晋陕蒙接壤地区资源开发与环境保护领导小组的办事机构，负责日常工作。

黄河上中游管理局下辖晋陕蒙接壤地区水土保持监督局和西峰、天水、绥德3个水土保持治理监督局（水土保持科学试验站）和黄河水利委员会临潼疗养院等5个局属单位，以及黄土高原水土保持世界银行贷款项目办公室、黄河水土保持生态环境监测中心、黄河水土保持工程监理公司、黄河水土保持工程建设局、黄河流域水土保持遥感普查及监测项目办公室、规划设计研究院、黄河水利委员会直属上中游水政监察总队、黄河上中游管理局直属水土保持监督支队等8个职能机构和机关12个职能处室。

黄河上中游管理局有全国历史最悠久、面积最大、资料最丰富的水土保持试验研究基地，有8项科技成果获国家级奖励，47项成果获省部（委）级科技进步奖，50多项成果获地市级以上奖励。出版不同级别的水土保持科技成果论文集50余册。参加国内外有关学术会议交流的学术论文数百篇。在各类报刊杂志上公开发表的学术论文1 250多篇，编印水土保持科研成果与各类正式出版物近千万字。局属规划设计研究院和3个水土保持科学试验站都持有水利部颁发的"开发建设项目水土保持方案编制甲级资格证书"和"水利工程设计乙级资格证书"，有能力承接大中小流域水土保持规划、开发建设项目水土保持方案及中小型水利工程规划设计任务，为我国水土保持生态建设的规范化奠定了坚实的基础。

9.2 水土保持监督管理

依法开展水土保持监督管理是有效控制人为水土流失的重要途径。黄河流域水土保持预防监督工作按照分区防治战略，侧重对国家级重点防治区人为水土流失的有效控制，贯彻执行国家、水利部有关水利工程建设质量与安全生产管理的方针、政策、法规，管理黄河水土保持生态工程建设质量与安全监督工作；开展水土保持执法监督，监督对象是大中型开发建设项目，工作重点是水土保持"三同时"制度的落实管理，定期公告水利部已批准的开发建设项目水土保持工程实施情况、水土保持监测情况和水土保持监督检查结果等；建立水土保持预防监督数据库，开展专项调研，完善法规制度和技术规范，并加强专项监督管理工作，开展执法人员业务培训，配备或更新执法装备，提高监督执法快速反应能力，进一步加强监督执法能力建设。

9.2.1　重点监督管理的主要任务

黄河流域（片）开发建设项目水土保持监督与管理工作范围，主要涉及黄河流域及西北内陆河地区的10个省（区），流域（片）内有4个区域：晋陕蒙接壤煤炭资源开发区、豫陕晋接壤有色金属开发区、陕甘宁接壤石油天然气开发区和新疆石油天然气开发区。监督管理主要任务是：编制水土保持预防监督规划；加强开发建设项目水土保持监督检查，认真落实水土保持"三同时"制度；加强宣传教育，增强开发建设单位和施工建设人员的水土保持意识，推行水土保持年度检查制度；建立开发建设项目区恢复治理示范工程，督促开展水土保持设施验收工作，力争对符合条件的项目全部验收；强化监管力度，科学制订防治方案和研究治理措施，协助各省（区）查处有难度、对水土保持生态建设影响大、行政干预严重的大案、要案。

9.2.2　重点监督区管理的主要措施

严格依法行政，强化监管力度，认真落实水土保持"三同时"制度；加强宣传教育，增强开发建设单位和施工建设人员的水土保持意识；科学制订防治方案和研究治理措施，有效保护生态环境，对工程建设中的各类开挖面、边坡采取防护措施，弃土弃渣放置在规定的专门场地拦挡，裸露面恢复林草植被，施工场地进行综合整治，并落实水土保持设施的施工管理、监理、监测工作；各级水行政主管部门加强执法检查，严把水土保持设施的竣工验收关；在监督管理区建立一批恢复治理示范工程。

9.2.3 水土保持监督管理的主要成效

《水土保持法》实施以来，黄委坚持以水土保持监督管理规范化建设和开发建设项目水土保持督查为核心，以水土保持方案实施为重点，以查处违法案件为手段，以遏制人为水土流失、改善生态环境、维护国家生态安全为目标，在各省（区）的积极配合和共同努力下，在黄河流域及西北内陆河地区开展了大量卓有成效的水土保持监督管理工作。

9.2.3.1 法律法规体系不断完善，基础工作进一步加强

《水土保持法》颁布实施以来，中央有关部委、省（区）人大、政府和职能部门相继制定了配套的法规、规章和规范性文件，形成了由水土保持法、水土保持法实施条例、各省（区）实施办法、开发建设项目水土保持管理办法及水土保持规费管理办法等组成的相对完整的水土保持法律法规体系。黄河及流域各省（区）制定法规和规范性文件2 300余件，及时清理和修改了配套性法规，完善制定了相关的规章或规范性文件。

同时，黄委先后完成了"'三同时'制度落实情况调查"、"重点监督区水土流失情况调查"、"2002~2005年黄河流域水土保持监督管理实施方案"、"豫陕晋接壤区水土流失状况调查"、"黄河源区水土保持生态工程进展情况调查"、"黄河流域生态修复情况调查"、"国家水土保持重点监督区重点开发建设水土保持方案执行情况调查"、"2006~2010年黄河流域水土保持监督管理实施方案"、"水土保持法修改前期调研"、"西北七省区开发建设项目水土流失现状调查与分析"等基础调查工作，基本上摸清了人为水土流失现状和动态，开发完成了"黄河流域水土保持监督管理数据库"，为修订完善水行政法律法规和开展水土保持监督管理提供了重要的科学依据。

9.2.3.2 监督管理机构进一步充实，监督管理工作进一步规范

黄河流域在普遍建立水土保持监督机构、消灭水土保持监督执法空白县的基础上，根据水利部水保司《关于加强水土保持监督管理规范化建设的通

知》，广泛深入地开展了以"宣传培训经常化、监督机构体系化、队伍建设正规化、执法装备齐全化、方案审批制度化、规费征收合法化、恢复治理规范化、案件查处程序化"为主要内容的监督管理规范化建设工作，各地在水土保持宣传、配套法规、机构体系建设、规范执法程序、返还治理示范工程、水土保持方案落实、规费征收等方面有了实质性的推进，先后有174个县（市、区、旗）的监督管理规范化建设通过了水利部的验收。甘肃省以落实20%预防监督经费为突破口，河南省以恢复治理示范工程为切入点，陕西省从预防监督队伍正规化管理入手，青海省以明确执法主体地位为重点，宁夏着力规范方案审批，山西省把查处违法案件放在突出位置，内蒙古在规费征收上下大工夫。各地通过抓重点、抓难点、抓焦点，全面推动了规范化建设工作的不断深入开展。黄委2001年和2006年在黄河源区启动实施的水土保持预防监督工程，消除了源区的水土保持执法空白县，帮助建立了预防监督机构，培训了人员，开始了执法工作。"十五"期间，水利部、黄委和各省（区）进一步强化了水土保持监督管理人员在水土保持法律法规、水土保持监督管理形势、水土保持行政执法程序、水土保持监督管理知识、水土保持技术标准和水土保持监督管理技能等方面的培训。目前，黄河流域形成了流域机构、省（区）、地（市）、县（旗）基本健全的水土保持监督管理机构。据不完全统计，黄河流域共建立各级水土保持监督机构300余个，从事水土保持监督管理人员有8 000余人，并形成了初具规模的水土保持方案编制、监测和监理等专业技术队伍。

9.2.3.3 开发建设项目水土保持"三同时"制度得到落实，监督管理领域得以拓展

水利部先后会同铁道、交通、煤炭、电力、冶金等有关行业部委，就贯彻落实水土保持法律法规问题达成了共识，各级监督管理部门将贯彻落实开发建设项目水土保持"三同时"制度作为重中之重的工作，严格执行"三权、一方案、三同时"制度，加强了规费的征收和使用管理，突出了恢复治理工程建设，收到了明显成效。黄委协助流域各省（区）查处了准格尔煤田二期工程、陕西三原等一批影响较大的水土保持违法大案要案，有效排除了地方监督部门在查处违法案件时所受到的行政干预和地方保护的干扰，使多个悬而未决的案件得以顺利解决；培育树立了西气东输工程、陕西神华神东矿区、山西万家寨

引黄工程、山东泰安抽水蓄能电站、新疆博斯腾湖东泵站工程等一批开发建设水土保持项目先进典型，发挥了显著的示范带动作用；把水土保持监督管理的领域拓展到城市地区，有效防治了城镇化过程中的人为水土流失。

9.2.3.4 晋陕蒙接壤地区的水土保持监督管理和基础调研工作进一步加强

晋陕蒙接壤地区是国家级水土保持重点监督区，该地区作为黄河流域国家级水土保持监督管理试点示范的窗口，曾为黄河上中游地区乃至全国水土保持监督管理体系建设摸索出了成功的经验和模式。经国务院批准，水利部、原国家计委颁布了《开发建设晋陕蒙接壤地区水土保持规定》，黄委专门成立了晋陕蒙接壤地区水土保持监督局，晋陕蒙接壤地区资源开发与环境保护领导小组办公室与3省（区）各级人民政府通力合作，不断加大对区域开发建设项目水土保持工作的监管力度；由黄委组织编制、水利部批准实施了《晋陕蒙接壤地区水土保持生态环境建设示范区实施方案》；长期坚持抓好开发建设单位水土保持示范工程建设工作，组织树立了神府东胜矿区等10多个企业治理水土保持示范典型，被水利部命名为"全国水土保持生态环境建设示范工程"或示范单位；首次应用遥感技术完成该区20世纪80年代中期、90年代末期和2004年三个时期有关土壤侵蚀、植被变化、地面坡度组成等卫星影像的信息解释、对比分析和专业图件制作；开展了"黄河中游地区开发建设项目新增水土流失预测研究"、神府东胜矿区水土保持监测以及皇甫川等几大黄河多沙粗沙支流以小流域为单元的水土保持监测工作，取得了大量的基础数据和成果。水土保持监督管理和基础调研工作的加强，使该区的监督管理工作不断地迈向新的台阶，有效遏制了大规模开发建设造成的严重水土流失问题。

9.2.3.5 全社会依法防治水土流失的意识进一步增强

黄委和流域各省（区）始终把水土保持宣传贯穿于各项工作的始终，特别是在法律法规的宣传上，更加注重了形式多样、内容丰富、覆盖社会各个层面的宣传，明显增强了流域社会各界的水土保持法律意识，形成了关心和参与水土保持工作的良好的社会氛围。通过建立宣传网络，举办宣传展览和宣传栏、法律法规知识竞赛、散发宣传画和宣传品、撰写宣传文章、汇编法律法规，在黄河流域的宣传受众面达90%以上。目前，黄河上中游地区的开发建设单位自觉治理水土流失的积极性进一步增强，行政领导支持重视，执法环境明显改

善，执法效果明显提高。甘肃省水土保持局与甘肃人民广播电台联办了《水土保持》栏目，与《甘肃经济日报》、《中国水土保持》合办专刊，介绍了治理成果和建设经验。陕西省榆林市注重向各级领导的宣传工作，执法工作得到了领导的高度重视，不仅提高了预防监督部门的社会知名度和行业权威，而且促使全市的执法工作顺利开展。山西省每年都在《水土保持法》颁布实施纪念日之际，组织开展形式多样的宣传月或宣传周活动。各地还结合调查、办案，深入厂矿企业、走乡串户宣讲水保法规。通过宣传，涌现了一批自觉治理水土流失的开发建设单位，如神府东胜矿区、榆靖高速公路、宁夏扬黄扶贫灌溉工程等。促使开发建设单位自觉投入水土保持生态建设的资金达12亿多元。

9.3 水土保持项目管理

20世纪70年代末，黄河中游水土保持委员会恢复工作和黄河中游治理局（黄河上中游管理局前身）成立以来，黄河流域水土保持工作从最初的试点小流域开始，水土保持项目管理历经30年发展，取得了显著的成绩，积累了丰富的经验，1998年在全国率先探索了水土保持参照基建项目管理的经验，2000年全面实行水土保持基本建设项目管理体制，大力推行项目建设"三项制度"改革及配套的财务改革等措施，开创了水土保持项目管理的新局面。

9.3.1 概况

20世纪80年代以前，在高度集中的计划经济条件下，我国包括黄河流域在内的水土保持工作一直沿用长期以来形成的"党政部门统一领导，行政主管部门负责组织，发动群众或以群众运动方式开展集体治理，省、地、县、乡（社）、村（队）逐级落实"的建设管理模式。依靠行政命令和发动广大人民群众，掀起了几次大的水土保持治理高潮。

80年代初期，随着改革开放的不断深入，计划经济向有计划的商品经济逐步过渡，广大农村开展了家庭联产承包责任制，广大贫困山区人民通过水保治理脱贫致富的积极性普遍高涨。国家通过事业性补助的方式，支持并开展了以小流域为单元的水保治理，流域机构的试点小流域补助经费计划到县，极大地调动了群众治山治水的积极性，有效地促进了水土保持治理步伐。各地相继涌现了一批"典型小流域"、"户包治理小流域"、"四荒拍卖"等水保治理典型。从20世纪80年代中后期开始，黄河水利委员会通过黄河上中游管理局在黄河上中游地区又从基建渠道安排投资，开展水保治沟骨干工程建设，将其纳入了基本建设范围，并编制了治沟骨干工程技术规范和概算编制办法与定额，制定了专项管理办法，逐步开始形成了基本建设项目管理的雏形。到1994年，随着世界银行贷款项目的实施，引入了更加先进的项目管理方法，如详细的前期准备、科学的投资决策机制、规范的监测评价体系和独特的项目资金报账支付方式等，促进了水保投资计划管理体制的进一步发展，水土保持治理规模和效益也更为显著。

1997年，党中央、国务院"两个批示"的发表及国家实行积极的财政政策后，水土保持进入了新的发展时期。国家对水保工作高度重视，加大了对水保治理的投入，并把水土保持生态环境建设作为西部大开发的根本和切入点。同时也对水土保持投资计划与项目建设管理提出了更高的要求。黄委和黄河上中游管理局适应新形势发展要求，及时调整了水土保持治理思路，按照基本建设的要求，从投资方向、管理体制、前期工作和建设管理等几方面加强了项目管理。一是把握投资方向，以多沙粗沙区为投资重点，实现了由过去分散治理向规模、示范治理的转变，并统一规范了计划项目名称，树立了"黄河水土保持生态工程"形象品牌；二是改变了过去投资计划直接对县的管理体制，建立了黄委、黄河上中游管理局、省区水利厅三级主管部门分级管理体系；三是加强了前期工作管理，按照基本建设程序对水土保持前期工作进行了阶段划分，并对管理程序、设计资质提出了明确要求，同时颁布了黄河水土保持生态工程概算编制办法和概算定额；四是按照基本建设管理要求，积极推行了"三项制度"。计划管理逐步走上规范化轨道，极大地促进了黄河水土保持生态工程向更高层次深入发展。

经过多年来的不断努力和探索，黄河流域水土保持生态环境建设实现了"两个转变"，树立了"黄河水土保持生态工程"这一形象品牌，并在项目与计划管理上实现了主管部门分级管理，在建设管理中大力推行了基本建设"三项制度"，有力地促进了黄河水保生态工程建设健康稳定发展。

9.3.1.1 建立由流域机构到省（区）行业主管部门的分级管理制度

1997年以来，随着水土保持生态建设投资的大幅增加，面对点多、面广、战线长、管理任务重等实际情况，黄河上中游水土保持治理工程在项目计划管理上，适时改变了以往投资计划直接对县级部门的管理方式，建立了黄委、黄河上中游管理局、省（区）水利厅三级主管部门分级管理制度。按照三级主管部门的工作职能与分工，重点突出了前期工作的组织、整体计划的安排和建设实施过程的监督检查，三级主管部门各负其责，对项目前期工作和投资计划分级审查上报，逐级批复下达。这种新的管理制度减轻了流域机构繁重的管理任务，调动了省（区）主管部门的积极性，拓宽了地方匹配投资的筹措渠道。

9.3.1.2 实行基本建设"三项制度"

黄河水保生态工程1998年组建了黄河工程监理有限责任公司，在全国水保行业率先实行工程监理制，并以此为契机，按照基本建设管理要求，在建设管理中，逐步推进试行项目法人责任制和招标投标制。

1）全面实行工程监理制

目前，黄河水保生态工程已全面实行了工程监理制。按照"小行政、大监理"的管理思路，充分授权、依靠监理单位，以监理作为主管部门管理延伸，拓展了项目管理的广度与深度，规范了建设管理行为，细化了管理过程和环节，解决了以往主管

部门想管而又管不过来的一些具体问题，有效地控制了工程质量和工程投资与进度。

2）推行建设单位负责制

黄河水保生态工程为适应国家对基本建设项目管理的总体要求和发展趋势，结合水保生态工程建设管理的实际，在甘肃省天水市耤河示范区和众多重点支流综合治理项目区实行了地（区）级水利水保部门为建设单位的项目法人责任制，并在韭园沟、齐家川示范区试行了流域机构所属治理监督局为建设单位的试点，取得了明显成效。实行项目法人责任制，能够有效化解以往水保政事企不分、权责不明的矛盾，明确参建各方的责任，使建设管理更加规范、科学；有利于项目建设按照基本建设程序有序运作和工程监理制、招标制规范发展；同时还也有利于将来"财务国库集中支付制"的顺利实施，减少资金周转环节，提高投资使用效率。

3）探索工程招标投标制

目前，在黄河水保生态工程所属的全部项目区中对具备条件的治沟骨干工程进行了招投标试点，如内蒙古呼和浩特市浑河重点支流综合治理项目区对6座骨干坝进行了邀请招标，引入了有资质的专业水利施工队伍，通过合同约束，施工单位在限定的投资范围内保质、保量、如期完成规定的施工任务，对提高骨干工程机械化施工水平和工程质量起到了积极的促进作用。

9.3.1.3 实行地方匹配资金承诺制和中央资金报账制

针对项目地方匹配资金难落实的情况，自1998年起陆续对甘肃省天水市耤河示范区和众多重点支流综合治理项目区实行了地方匹配资金承诺制，即在项目立项（可研）阶段就要求地方政府提交项目匹配资金承诺书，否则不予立项建设，在一定程度上，促进了地方采取多渠道筹措配套资金的措施，如经济条件较好的地方，能积极主动向有关部门申请配套资金，一些地方还采用了"以项目配项目"的办法，将各渠道用于生态建设的资金捆绑使用，集中投资，规模治理。

借鉴世界银行贷款项目"报账制"的做法，在整个黄河水保生态工程全面实行了"中央资金报账制"。即由建设单位先利用地方匹配资金和预拨的30%中央启动资金开展工程建设，根据工程进度、质量和任务完成情况编制报账申请表，经监理单位审核签证后，报主管部门审核、报账。有效地遏制了虚报冒领、挤占挪用等现象，在保质保量完成项目建设任务方面发挥了重要作用。

9.3.2 前期工作管理

目前，中央各类水利投资安排在黄土高原实施的水土保持工程的总投资每年达到10多亿元，每年治理水土流失初步面积约1.25万 km^2，这些基本建设项目按照国家规定的管理程序，在流域水土保持综合规划的指导下，需要完成从立项建议书到初步设计等多个环节的前期工作编制、审查、审批工作，依照批准的前期工作要求，开展大规模的水土流失防治工作，由此可见，前期工作是基本建设的唯一依据，是实现计划管理的重要支撑。因此，加强水土保持前期工作管理，对实现水土流失防治目标，落实治理的重点、布局和措施，保证治理效果，提高投资效益，具有非常重要的意义。

针对黄河流域水土保持项目建设程序不够规范、前期工作薄弱等问题，2000年1月，黄委在陕西省西安市召开了黄河流域水土保持基建前期工作会议，提出了加强水土保持基建前期与计划工作的思路和措施，制定了基建前期工作管理意见，使黄河水土保持生态工程基建前期和计划管理走上了按基建程序进行管理的规范化发展轨道。按照西安会议精神，10年来，黄河水土保持生态工程围绕"防治结合，强化治理；以多沙粗沙区为重点，以小流域为单元；采取工程、生物和耕作综合措施，注重治沟骨干工程建设"的治理方略，在治理方式上采取集中连片、规模治理、突出重点，以提高治理效果；在计划管理上采取加强基建前期工作管理，提高前期工作成果科技含量，以保证前期工作能够为基建计划管理和建设管理提供科学依据；在建设管理上深化体制改革，加强监管力度，以逐步建立起符合黄河水土保持生态工程特色的建设管理体制，大力推进减少入黄泥沙措施建设，初步建立了与国家基建管理要求相适应的规划计划管理新体制，取得了明显的成效，在全国发挥了示范样板的作用。

9.3.2.1 前期工作管理制度

2000年以来，黄河水土保持生态工程以支流为骨干、以地（市）为单位、以小流域为单元，集中治理，规模治理的思路开展前期工作，基建前期工作划分为规划、可行性研究（含项目建议书）、初步设计三个阶段逐步深入开展工作，即以支流为单位开展综合治理专项规划，以地（市）为单位开展可行性研究报告（代项目建议书），以小流域为单元开展单项工程初步设计，由此确立了前期工作管理程序和管理制度。按照这一制度，黄委同流域8省（区），选择了以多沙粗沙区为治理重点的无定河流域、湟水流域等11条支流（12片）开展规划，规划区总面积35 644 km²。在此基础上，2001年选定了湟水流域西宁项目区、无定河流域榆林项目区、北洛河流域延安项目区等24个项目区开展第一批重点支流综合治理项目区可行性研究工作，项目区总投资44 606万元，治理面积2 713 km²，2006年在一期项目区建设的基础上，按照规划确定的治理区域，开展了二期项目区建设，同时开展了以粗泥沙来源区为治理重点的160多条水土保持小流域淤地坝系工程、3个科技示范园项目、21个生态修复试点工程、100多条重点小流域等一大批工程项目的前期审批，保证了黄河水土保持生态工程项目的全面启动和年度计划的顺利下达。

9.3.2.2 设计单位资质管理

按照水利部、建设部的有关要求，前期工作必须由具有一定资质的设计单位承担。黄河水土保持生态工程依据不同阶段对设计企业的最低设计资质等级要求，开放设计市场，选择合适的设计单位开展工作，规定规划阶段必须具有国家认定的水土保持规划设计（或水土保持方案编制）甲级资质证书，可行性研究阶段必须具有国家认定的水土保持规划设计（或水土保持方案编制）乙级以上（含乙级）资质证书，初步设计或技术设计施工设计阶段必须具有国家认定的水土保持规划设计（或水土保持方案编制）丙级（含丙级）资质证书。为确保设计工作的质量和水平，规定凡不符合设计资质要求的设计单位编制的技术成果，审批单位"一票否决"，不予审批。

9.3.2.3 前期工作技术体系

2001年以来，黄委已经出台了《黄河水土保持生态工程基建前期工作管理意见》等前期工作管理意见和办法，明确了水土保持规划、可研初设、施工设计等各阶段的任务、要求及工作深度，对规范前期工作、提高前期工作成果质量起到了重要作用。2002年黄河上中游管理局组织编制完成了《黄河水土保持生态工程设计概（估）算编制办法及费用标准》和《黄河水土保持生态工程概算定额》，对加强黄河水土保持生态工程造价管理与控制，统一概算编制的原则、方法和标准，合理确定工程建设投资，起到了非常重要的作用。

20世纪80年代以来，黄河上中游管理局先后主持编制了水土保持综合治理技术的国家标准系列，包括《规划通则》、《措施技术规范》、《验收规范》、《效益计算方法》、《水土保持技术规范》、《水土保持治沟骨干工程技术规范》、《水坠坝技术规范》等水土保持技术规范(规程、标准)。

9.3.2.4 前期工作成果审查

前期工作成果审查是确保前期工作成果质量的重要环节，也是前期工作质量管理的一项重要措施。现行的前期工作成果审查体系是以专家委员会的形式运行的，在当前，前期审查工作的重点是坚持"谁审查、谁负责"的原则，实行项目审查质量终身责任制，进一步强化审查负责人制度，积极推行项目主审制和专家咨询制相结合的审查方式，重大项目的技术问题通过专家咨询论证予以确认的工作程序，增强了审查人员的责任感和使命感，通过规范化的成果审查进一步提高项目审查的质量，保证项目审查的独立性、公平性和科学性，保证了设计成果的质量。

9.3.2.5 前期工作成果审批

前期工作的审批包括规划阶段前期工作成果审批、可行性研究阶段前期工作成果审批和单项工程初步设计前期工作成果审批。严格前期工作成果的审批首先要科学合理、实事求是地对项目建设的必要性和可行性作出评价，提出项目区和单项工程的建设目标、建设范围、建设规模、建设时段和投资规模，按照有关要求确定建设单位，根据国家"三项制度"改革的要求，对资金管理、项目建设与管理意见作出规定。坚持前期工作不到位的不审批，没有审查意见的不审批，没有按前期工作程序开展前期工作的不审批，没有地方配套资金承诺函的不审批，没有设计资质或设计阶段与规定的设计资质不相符的不审批，真正严格审批程序。

据统计，2001年以来，黄河上中游管理局共完成水土保持基建项目成果审查报批900多项，其中规划30多项、项目建议书5项、可行性研究报告100多项、初步设计报告700多项、专题研究10多项，全部符合经过审查或批准的流域规划，符合有关技术标准和管理规定，为水土保持生态工程建设的顺利实施奠定了坚实的前期工作基础。

9.3.3 水土保持项目建设管理的"三项制度"

水利部《水利工程建设项目管理规定》指出："水利工程建设要推行项目法人责任制、招标投标制和建设监理制"。通过推行项目法人责任制、招标投标制、建设监理制等改革措施，即以国家宏观监督调控为指导，项目法人责任制为核心，招标投标制和建设监理制为服务体系，构筑了当前我国建设项目管理体制的基本格局。

长期以来，黄河流域水土保持生态建设同全国其他流域一样，一直采用按国家投资计划将建设资金逐级下达，然后由县级水土保持主管部门自行组织实施的管理模式。县级水土保持主管部门既是工程建设的组织者和实施者，又直接承担了工程建设的监督和管理职能。这种在计划经济体制下形成的自我封闭管理模式，使施工单位和管理单位合为一体，缺乏必要的监督和制约，从而形成了工程决策、执行、监督实为一家说了算的局面，降低了工程建设管理的透明度。传统的管理模式既不能有效地保证工程质量，又不利于投资效益的充分发挥，水土保持生态工程建设往往是投资无底洞、工期马拉松、质量无保证，因此迫切需要建立一个能够有效控制工程投资、工期、质量，严格实施建设计

第9章 水土保持管理

划和建设合同的建设管理模式，以提高水土保持生态工程建设管理水平。

水土保持生态工程建设是以地方和群众自筹为主、国家补助为辅的社会公益性工程，具有单项工程分布分散、建设规模较小、群众参与性强等特点。由于各地群众对水土保持工作的认识不同，施工条件、施工手段和技术水平的不同，使得各地的工程建设质量和进度存在着很大差距。在实际工作中，虽然大部分的小流域综合治理都有较为详细的规划设计，但在具体实施过程中，往往不能很好地按规划设计方案进行，使规划设计流于形式。在工程措施建设方面，有些地方在施工过程中随意改动工程设计方案或施工方案，使工程效益和工程安全性大打折扣，并且造成了建设资金的严重浪费。在植物措施方面，由于缺乏严格有效的监督机制，群众有什么种苗种植什么种苗，而忽视了植物工程建设的科学性，结果大大降低了工程建设质量。在以县级水土保持主管部门为主体的封闭模式，县级水土保持主管部门既是水土保持生态工程建设的责任者，又是工程施工的承包者，工程施工过程中干多干少、干好干坏都由县级水土保持主管部门说了算，这样势必造成一定的建设资金浪费，甚至在有的地方出现虚假工程，或者挤占、挪用水土保持生态工程建设资金的现象，在计划管理和资金分配上也容易出现平均主义。更有甚者，一些地方把赚取国家对水土保持生态工程建设的补助资金作为一项创收手段，使这项造福子孙的工程陷入了"群众划道道，国家给票票"的误区，结果是"年年造林不见林，岁岁种草不见草"。这也是长期以来水土保持生态工程建设中的林草措施存在"三低"（成活率低、保存率低、效益低）现象，以及治理速度比较缓慢的主要根源。黄河流域水土保持生态工程建设由实践证明，只有实行三项制度改革，加强对水土保持生态工程建设有关各方建设行为的监督和约束，才能有效地控制工程建设投资，保证工程建设质量，提高工程建设速度，使项目建设目标最优实现。

水土保持生态工程建设监理的一个重要依据就是工程的实施设计文件，过去，由于大部分的小流域治理规划和水土保持工程设计都是由项目主管部门负责完成的，其规划设计标准不一，水平参差不齐，大部分建设项目只有规划而无实施设计，并且在规划内容的叙述和图例标注等方面很不规范，给工程建设的组织实施和管理带来很大困难。实行三项制度改革，将对水土保持生态工程建设前期工作的规范性和可操作性提出更高的要求，真正做到了每项工程有设计、每步实施有计划，提高了水土保持生态工程建设的规范性和科学性。在已实施完成的耤河、齐家川、韭园沟3个示范区和11个重点支流项目区，都严格按照项目建议书→规划→可研→初步设计的程序进行了前期工作。

水利工程建设管理体制改革的不断深入，为水土保持生态工程建设监理制的推行提供了政策支持。近几年来，随着我国政治、经济体制改革的不断深入，水利工程建设管理体制也正在由计划经济体制逐步向市场经济体制的方向发展。1996年水利部颁发了《水利工程建设项目管理规定》（试行），明确规定水利工程建设要全面推行项目法人责任制、招标投标制和建设监理制。水土保持生态工程作为一项重要的水利工程建设项目，必须加快建设管理体制改革，全面推行三项制度改革，以改进过去较为落后的计划经济管理模式，建立适应社会主义市场经济的新型管理体制，提高水土保持生态工程建设管理水平和投资效益。

水土保持事业的发展为三项制度改革提供了充足的人才资源和技术力量。几十年来，水土保持事业的发展造就了一大批精业务、善管理的工程建设管理人才。近几年来，为了推行水利工程建设"三项制度"改革，水利部在全国范围内加大了水利和水土保持生态工程建设项目法人、招投标代理人和监理人员的培训工作，大批的水土保持工作者接受了相关知识培训。据不完全统计，自1996年以来，仅黄河上中游地区就有数千名水土保持工作者接受了监理知识培训，其中有1 000多人取得了水土保持生态工程建设监理工程师资格，从而为开展水土保持生态工程建设三项制度改革提供了充足的人才资源。

黄河流域水土保持生态工程建设三项制度改革的实践为开展水土保持生态工程建设三项制度改革提供了丰富的经验和强大的技术支持。近4年来，通过对黄河水土保持生态工程建设推行项目法人责任制、招标投标制和建设监理制，使我们在水土保持生态工程建设管理方面积累了许多成功的经验，迈出了坚实的一步，尤其是结合水土保持生态工程建设的特点，制定出了一系列符合实际且行之有效的管理办法、技术细则等。这些都为全面开展水土保持生态工程建设三项制度改革提供了宝贵的经验和技术支持。

9.3.4 水土保持项目财务管理

黄河水土保持生态工程中央资金拨付报账制，由项目建设单位先根据年度建设计划，利用地方配套资金和群众投劳开展工程建设，中央投资根据项目管理和监理单位实际核定的工程进度和质量情况，分期按比例拨付。

9.3.4.1 中央资金报账制的背景和意义

黄河水土保持生态工程为中央财政资金补助的社会公益性项目，具有分布广、涉及单位多、治理措施多样、影响因素复杂、项目管理难度大等特点，因此对中央资金的安全和效用管理也提出了很高的要求，各级水土保持主管单位和部门一直将资金管理与质量管理视为同等重要的问题。

近年来，中央财政从深化财政体制改革和加强财政管理与监督的实际需要出发，对现行的财政资金收付管理制度进行了根本性的改革，其中国库集中支付是当前新形势下财政体制改革的一项重大举措。自2000年开始，水土保持生态工程全面实行了建设监理制，中央资金报账制正是在这样的背景下，随着国家国库支付体制改革与工程监理制紧密配合的所产生的一种资金支付形式，其管理形式和程序与国家财政体制改革和建设项目监理制的精神紧密相关。

中央资金实行报账制管理，是从源头上防范截留、挤占、挪用、骗取中央资金等违法违规行为，加强资金管理，确保资金安全有效的一项重大措施。随着国家对水土保持生态工程投资力度的加大，各级主管单位和部门都充分认识到报账制管理在中央资金管理中的重要性和紧迫性，把推行报账制作为加强水土保持中央资金管理的重点，在实行的过程中切实加强沟通协调，采取有力措施，确保了中央资金报账制管理工作在黄河水土保持生态工程的建设过程中全面推进，为水土保持项目建设保质、保量、按期完成任务起到了十分重要的作用。

9.3.4.2 中央资金报账制的形式和程序

黄河水土保持生态工程中央资金报账制基本要求是：先施工后报账，工程需经监理制，严格报账程序，不定期抽查监督，采取财政直接支付的方式，中央资金由国库通过转移支付的形式直接到达省（区）水土保持主管单位的基本建设资金专户，再根据报账材料反映的建设进度按级次拨付到建设单位。

黄河水土保持生态工程中央资金报账制按照分级管理、分级负责的原则，各相关单位和部门密切配合，各司其职、各负其责，其主要程序如下：

（1）建设单位根据监理工程师认定的工程量填制报账申请书，报上级水行政主管部门审核。

（2）上级水行政主管部门对建设单位报送的报账申请书进行审核，并将由相关负责人和责任人签字盖章确认后的报账申请书报省（区）水行政主管部门。

（3）各相关省（区）的水行政主管部门负责将各建设单位的报账申请书审核汇总，并由相关负责人和责任人进行签字盖章确认后，报送黄河上中游管理局。

（4）黄河上中游管理局对报账申请书的内容和金额审核确认后，按照国家直接支付的相关规定，填制由财政部统一格式和内容的直接支付申请书，报财政部，由国库通过财政部指定的代理银行直接支付到相关省（区）的水行政主管部门的基本建设资金专户。

（5）各省（区）和各级水行政主管部门按照报账材料审核的工程量将中央资金逐级拨付到建设单位。

9.3.4.3 成效

近年来，黄河水土保持生态工程报账制在工程建设中全面实行，已经被水利部作为一项成熟可行的经验，广泛推广普及到全国的水土保持建设项目。中央资金报账制的实行，是从源头上防范截留、挤占、挪用、骗取财政资金等违法违规行为，加强资金管理，确保资金安全有效的一项重大措施。在中央资金报账制实行以后，通过各级财务专项检查，极少发现主管单位滞留、挤占和挪用建设单位的建设资金，也有效地避免了建设单位虚报工程量、骗取国家财政资金情况的发生。因此，黄河水土保持生态工程中央资金报账制的实行对加强中央资金的管理和监督，保障中央资金安全高效使用，成效十分显著。

首先，由于中央资金报账制要求材料通过各级主管单位的审核和建设监理单位对建设进度与工程量的确认，极大地增强了管理单位和建设单位的责任感与紧迫感，使得资金拨付进度跟工程建设进度紧密联系，确保了中央资金的高效利用，各级水土保持管理单位保证按计划、按进度、按要求拨付资金，使每笔建设资金都能及时安全地到达建设单位。各建设单位也根据工程进度，保证按期、按时、按质、按量完成工程建设任务。

其次，中央资金报账制的实行，也加强了水土保持生态工程建设中央资金事前、事中、事后全过程控制监督。由于水土保持管理单位在中央资金报账过程中都积极参与，清晰明了报账资料的内容和金额，能及时、客观掌握工程进度，使各级主管部门对资金管理的目的性和针对性更强。

目前，黄河水土保持生态工程报账制在水土保持生态工程建设中发挥了巨大的作用，为工程建设的顺利实施提供了有力的保障，因此也被逐步推广普及到全国的水土保持建设项目，为我国的水土保持工程建设项目的资金管理提供了宝贵的经验。并在农业综合开发、退耕还林等国家大型支农专项工程中得到推广和应用。

9.3.5　水土保持项目竣工验收

工程验收是工程完成建设目标的标志，是全面考核基本建设成果、检验设计和工程质量，对工程项目作出科学合理、实事求是评价的重要步骤，是基本建设程序必不可少的一个重要环节。因此，黄河水土保持生态工程项目建设，必须严把工程验收关。

项目验收实行分级负责制，一般分为自验、复验和竣工验收三个阶段。

小流域、治沟骨干工程自验，由县级水土保持主管部门负责组织；项目区自验由省（区）水土保持主管部门负责组织或委托地（市）级水土保持主管部门组织，在各小流域、单项工程自验基础上，汇总提出自验报告。自验不合格的，不得申报复验。

小流域、治沟骨干工程复验由地（市）水土保持主管部门组织，项目区复验由黄河上中游管理局组织，省（区）主管部门参加。复验组织单位分别对工程项目实施作出总结和评价，编写出项目区、小流域、治沟骨干工程复验报告，分别上报申请验收。复验不合格的，不得申报竣工验收。

小流域和库容100万 m³ 以下治沟骨干工程的竣工验收由省（区）水土保持主管部门负责组织；100万 m³ 以上的治沟骨干工程竣工验收由黄河上中游管理局负责组织；项目区竣工验收由黄委负责组织。

9.3.6 水土保持项目管护管理

新中国成立以来,黄河流域的各级政府和广大人民群众在水土保持生态环境建设上投入了大量的人力、财力、物力,使生态环境和群众生活水平得到了较大改善。然而水土保持建设项目是一项周期长,效益滞后,很难在短期内见效的生态工程,没有十几年甚至更长的时间无法达到改善生态环境、提高人民群众生活水平的目的,因此多年来的治理成效只能说实现了初步治理。黄河流域的水土保持生态环境建设总体效果不太明显,各项水土保持措施难以发挥最大效益,其根本原因:一是一些地方的政府和业务主管部门重治理、轻管护的思想比较严重,在一定程度上影响了水土保持生态环境建设的良性发展;二是项目结束后,随着人口增加、经济发展,新的水土流失仍将产生;三是项目建设完成后的继续巩固、完善和提高没有引起社会各界的广泛重视,预防管护措施不得力,出现了项目移交后林草保存率低,工程措施毁坏严重,甚至治理成果也荡然无存的现象。因此,搞好项目移交和移交后管护工作,树立管护就是治理、管护就是建设的思想,将管护作为最终实现生态环境建设的关键措施之一,以充分发挥各项措施的最大效益。

9.3.6.1 移交的程序和要求

水土保持项目完成后,移交的程序依不同措施而异。其中治沟骨干工程(简称工程)竣工后,进行工程验收的同时,要在鉴定书中明确工程接收乡(镇),由接收乡(镇)政府负责落实工程的管理维护,并制定相应的管理制度,确保工程的安全运行;综合治理项目验收后,在项目验收证中要明确项目移交流域所在县人民政府,由接收县人民政府制定计划,负责项目的继续巩固、完善,提高项目的生态效益和经济效益。移交要求:县、乡人民政府和水土保持业务主管部门要明确项目和工程产权,制定切实可行的继续治理计划和后期管理管护制度,落实继续治理计划、管理单位和责任人,对水土保持生态环境建设的各类措施分别明确管护的具体要求,保证工程项目的继续治理、正常运用和效益发挥。省(区)主管部门要督促继续治理计划、管理管护制度的落实,并不定期地组织人员对管护及管理情况进行跟踪调查和效益评估,并向上级管理单位提交跟踪调查报告。流域管理机构对验收后的项目,要进行不定期的调查，督促各接收部门做好后续工作，并对管护工作不落实、后续效益不显著的项目接收单位进行通报批评。

9.3.6.2 移交后的管护工作

治沟骨干工程移交后的管护工作有三种管理形式。一是治沟骨干工程管理协会（简称协会）管理。二是建立治沟骨干工程管理基金，拓宽工程管理的筹资渠道，逐步形成自我积累、自我发展的工程良性运行机制。三是承包经营管护。其中协会是按照农民自愿原则，自行组成合作经济组织，是坝系运行管理的组织机构，也是实现坝系持续发展管理活动的保证和依托。其运营原则是：以坝系安全为宗旨，以效益为导向，以坝系持续发展为目的，以农户家庭经营为基础，围绕调动政府、集体和个人管理淤地坝的积极性，使坝系内资金、资源、劳动力等生产要素得到优化组织和合理配置。协会的代表，由县级水保业务主管部门、乡级行政主管部门、村级集体经济组织和受益区群众选举产生，再由这些代表选举执委会成员。协会在民政部门登记注册，具有法人地位，实行民主管理，独立核算。协会要制定章程，体现公开、民主、平等原则。管理基金的来源主要从工程效益中提取，管理基金的使用范围包括工程的防汛维修、加固配套、管理工具的购置、管理科研活动投资、管理人员的工资等。承包经营管护是在承包者获得承包权后，由县水保业务主管部门或工程所在乡（镇）与承包者签订《承包管理合同书》，由承包者负责工程的生产运行和小型的坝体维修工作。有关部门在可能的条件下，要给予承包者技术和资金等扶持。同时县水保业务主管部门要设置相应的管理部门，负责检查各工程承包者的运行管理，根据流域农业生产安排工程的调水灌溉，组织防汛和坝体维修及库区治理等工作。

综合治理项目移交后的管护工作，由项目所在县人民政府出面，在项目区内划定管护运行基地，成立管护机构，负责项目区内各项措施的巩固和管护工作，解决综合治理措施的管护运行费用。采取的管护方式有：

（1）拍卖或租赁管护。对有经济效益的生物措施和一些小型水保工程，可采用拍卖或租赁到农户或集体的方法管护，在经营者获得使用权后，由他们负责这些措施的管护和进一步提高，各接收单位要给予他们相应的优惠政策，并承诺在拍卖或租赁期内各项政策保持不变和"治理成果允许继承、拍卖、转让"的原则，以解除他们的后顾之忧，提高群众参与管护的积极性，达到巩固、提高综合治理成果的目的。

（2）移交村委会管护。项目移交后，按照"谁管护，谁受益"的原则，由接收方与项目所在村委会签订管护合同，采用以下方式管护：

个户管护：适宜较小面积。将部分林草、梯田、水地、山坡地承包到户，由个户负责管护和使用。

联户管护：适宜较大面积。将面积较大的区域包括林草、梯田和坝地等个户没有能力管护的承包给联户，由联户轮流管护。

联村管护：适宜离村庄较远的两村交界处。将相邻村之间离村庄较远不便承包的林草地、引洪漫地、五荒地等由联村出资雇用专职人员管护。

集体管护：适宜不便承包及大面积地域。将不便于承包的大面积林草地、五荒地等，以村或组为集体，由集体雇用专职管护员负责管护。

（3）网络型管护。在国家有监督管护经费的情况下，可建立县—乡—村互通式网络监督体系。即县设专职执法员，乡设兼职监督员，村设管护员，互通信息，达到及时发现问题，及时处理问题、解决问题。

第10章 黄土高原地区水土保持评述与展望

　　黄土高原地区是中华民族文明的发祥地，也是我国生态环境极为脆弱的地区之一。该区不仅蕴藏着丰富的煤炭、石油、天然气及其他矿产资源，是我国21世纪重要的能源重化工基地，而且光、热、生物、土地资源丰富，具有发展农、林、牧业的良好条件，加之本区处于欧亚大陆桥国内部分的中心地带，区位优势十分明显，开发建设对我国国民经济与社会的发展将产生巨大而深刻的影响，也可能由于扰动地貌、破坏植被和弃土弃渣等造成严重的人为水土流失。因此，无论从国土整治、国家生态安全和区域国民经济与社会发展的角度，还是从黄河安全、国家能源基地建设的角度，黄土高原地区水土保持的战略地位与作用都是显而易见的。

10.1 发展潜力

10.1.1 物质基础

黄土高原地区是煤炭、石油、天然气和有色金属等资源富集的区域，是我国21世纪主要的能源重化工基地，尤其是煤炭资源特别丰富。我国煤炭资源主要分布于昆仑—秦岭—大别山以北和大兴安岭—太行山—雪峰山以西地区，煤炭资源量大于1 000亿t以上的省（区）有新疆、内蒙古、山西、陕西、河南、宁夏、甘肃、贵州等8个省（区），煤炭资源量之和50 750.83亿t，占全国煤炭资源总量的91.12%；探明保有资源量之和为8 566.24亿t，占全国探明保有资源量的84.18%；而这些省（区）除新疆、贵州全部及内蒙古部分地区外，其余大部分是黄土高原地区。位于陕西省西北部和内蒙古自治区南部的神府-东胜煤田是我国已探明的连续分布的最大煤田和世界大型煤田，面积22 860 km²，预测储量6 690亿t，探明储量2 300亿t。黄土高原地区煤种齐全，动力煤、炼焦煤、无烟煤应有尽有，煤质优良，开发的经济效益高；天然气资源丰富，是我国陆地最丰富的天然气盆地之一，我国迄今最大规模的整装天然气田、世界级特大型气田——苏里格气田于2001年1月在内蒙古鄂尔多斯地区被发现，探明储量6 025亿m³，相当于一个6亿t的大油田。继2004年3月在陕西省吴堡县发现探明储量达15.75亿t主焦煤和探明储量超过200亿t岩盐资源后，又相继在该县和宜川县发现了储量超过160亿m³和超过100亿m³的两个特大煤层气田。

从黄土高原地区几种主要的矿产资源的探明储量看，煤占70%，铁占50%，稀土占97%，铌占60%，铝占58%，钼占40%，天然碱占50%。石膏居全国首位，铜、铅、锌、铬、硫磺、云母、磷矿、石棉、沸石、芒硝等都居全国重要地位，被称为"有色金属长廊"。特别是能源和矿产资源组合良好，大多数有色金属、黑色金属和盐碱等矿产资源富集区靠煤近水，开发条件好，黄河又有丰富的水电能资源，刘家峡至三门峡河段水电能源的装机容量可达800万~900万kW，年发电量200亿~300亿kW·h，为建成沿黄水、火电互补的电站链和能源—重工业—化工工业基地提供了非常有利的条件。

黄土高原地区丰富的能源、矿产和有色金属资源给该区国民经济与社会发展，特别是工业经济的发展奠定了物质基础，该区的资源开发对有效缓解我国能源、原材料供需紧张的矛盾，加快实现我国21世纪国民经济和社会发展的战略目标具有重要的意义，合理开发资源和有效保护环境应该成为区域经济发展的重要途径。

10.1.2 战略地位

黄土高原地区作为黄河流域的重要组成部分，位居西南、中南、西北、华北的交汇处，是东部与西部的衔接带，是相邻区域物资和产品的集散地，具有独特的地位。一方面，黄土高原地区的能源、原材料产品是东部地区进一步发展的可靠物质基础；另一方面，黄土高原地区又是进入大西北、大西南的天然通道，是21世纪国家重点建设自东向西转移的重要阵地，在全国总体布局中架起由东到西梯度开发、循序推进的桥梁，在促进全国区域经济发展的新格局的形成中具有极为重要的意义。黄土高原地区也是我国少数民族聚居之地，加速区域经济开发对缩小我国东西部差距、稳定社会和加强民族团结以及巩固边疆都具有重要的战略地位。此外，黄河流域自汉唐盛世就有通向西域以及中亚、西亚的"丝绸之路"。目前，在世界政治经济的多元化和我国实行全面开放的大格局中，随着西气东输、西电东送、北煤南运铁路网络的形成，内蒙古自治区境内国际国内铁路线的改善和续建，特别是陇海、兰新线运输能力的扩大和延伸，黄土高原地区的区位优势更加彰显，东南可以通海通江与我国沿海沿江两道经济发展的主轴线接轨；西北可以与哈萨克斯坦和蒙古国相连，对于扩大边境贸易、密切同周边国家的关系意义重大。被喻为"现代丝绸之路"的新欧亚大陆桥东起我国黄海之滨的连云港，向西经陇海线、兰新线和北疆铁路直接与中亚哈萨克斯坦铁路接轨，西至荷兰的世界第一大港鹿特丹港；另一条京包铁路从内蒙古集宁市转轨，经二连浩特与欧亚大陆桥的西伯利亚大铁路接轨，直达欧洲名港鹿特丹。与长江流域相比，黄河流域可东、西、北三面开放，而且黄土高原地区的能源基地相距主要分布于太平洋西南、正在形成和崛起的太平洋经济圈国家和地区距离较近，这既为黄土高原地区的对外开放创造了有利的外部条件，也要求黄土高原地区加快开发进程和加大开发规模，增进参与国际竞争的能力。

综上所述，黄土高原地区的能源、矿产和有色金属等资源优势在国际国内都占有重要的战略地位，黄土高原地区的环境治理和资源开发有着特殊的重要性与紧迫性，关系到中华民族的振兴，在全国具有不可替代的重要地位。

10.1.3 潜在优势

任何农业产品的生产首先源于植物的第一性生产，光热条件是农业经济发展最重要的基础条件。黄土高原地区为东南湿润季风气候向西北内陆干旱气候过渡的地带，光热资源条件优越，日照时间长，光合有效辐射强。年总辐射量为502~670 kJ/cm^2，光合有效辐射为502~670 kJ/cm^2，较同纬度的华北平原地区相比高出10%。年日照时数为2 200～3 200 h；日照百分率由50%增加到70%。有关研究认为，在既定条件下，黄土高原地区比华北平原地区每公顷可多生产干物质3 000~4 500 kg，折合经济产量997.5~1 545 kg。黄土高原地区年平均气温在8~12 ℃，≥10°的积温为2 500~4 500 ℃；无霜期150~250 d。温度日较差大是黄土高原地区热量资源最突出的特点之一。除南部地区年平均日较差为10~12 ℃外，其他大部分地区为14 ℃，西部地区甚至达到16 ℃。日较差大有利于作物光合作用物质形成，尤其是薯类和果类糖分的积累，提高农产品的品质。

黄土高原地区现有木本植物260余种，草本植物500余种。其中可利用的用材树种有青杠、云杉、油松、华山松、落叶松、侧柏、山杨、青杨、小叶杨、毛白杨、柳树、榆树、刺槐等40余种，经济林果树品种有苹果、梨、杏、桃、枣、葡萄、山楂、石榴、花椒等20余种，药用植物有枸杞、甘草、麻黄、金银花、茵陈、百合等50余种，此外还有众多的编织原料、油脂原料、淀粉原料、香脂原料、调味原料及花卉植物，植物种类及品种非常丰富。苹果是世界四大水果之一，而黄土高原是世界上两个最大苹果适宜产区之一，该区2000年苹果种植面积84.8万hm^2，占全国种植面积的34.2%；总产量772.8万t，占全国产量的38.2%；出口量3.2万t，占全国出口量的14.1%。到2006年底，仅陕西省在水土流失严重的渭北黄土高原建成苹果基地42.6万hm^2，酥梨基地6万多hm^2，红枣基地11.7万hm^2，种植面积分别居全国的第一位、第五位和第七位；苹果面积约占全国的1/3，产量（560万t）约占全国的1/4，成为目前全国乃至世界最大的苹果基地。另据不完全统计，2006年全区药材种植面积已超过15万hm^2，仅宁夏回族自治区种植枸杞就达到3.5万hm^2，年产量突破8万t。

种植业和畜牧业是黄土高原地区国民经济的主要产业，在农业总产值中的比重超过50%，种植业和畜牧业经济发展事关全区70%的农业人口的生活生产及日益增加的城镇和工业生产需求。黄土高原地区土地类型复杂多样，有黄土丘陵和塬地，有河谷盆地和山地，还有广阔的草原、沙地和沙漠。其中适宜农耕的土地1 600余万hm^2，林地800万hm^2，草地2 300余万hm^2。黄土高原地区是我国小麦、玉米、苹果、烤烟的优良适生区，具有现代集约持续农业和实施粮食规模经营的优势，区内覆盖深厚的黄土为创建我国最早的农业发祥地作出过巨大的贡献，相对丰富的土地资源仍然是现代农业经济发展的坚实基础。黄土高原地区也是适合于广泛发展林草的地区，该区驰名的牲畜品种有宁夏滩羊、秦川牛、关中驴、关中奶山羊等，畜牧业的发展将为土地利用的调整、农业产业结构调整和形成区域新的经济增长点提供基础条件，草地畜牧业和农区畜牧业的有机结合应成为这一地区的重要产业。

10.2 制约因素

黄土高原地区经济与社会发展的最大制约因素莫过于脆弱的生态环境。脆弱的生态环境增加了治理难度，滞缓了区域经济开发进程和发展速度，限制了环境容量的增加。生态脆弱主要表现在下述三个方面。

10.2.1 世界罕见的水土流失

水土流失是黄河流域最大的环境问题，黄河流域的水土流失主要产生于黄土高原地区。由于黄土高原地区坡陡沟深、土质疏松、植被稀少、暴雨集中，下垫面和降雨因素共同作用，成就了世界罕见的严重水土流失。黄土高原地区的自然侵蚀可以追溯到240万年前的地质时期，从3 000年前的西周初期开始，特别是秦汉以后，由于人口不断增长带来的农耕地扩展运动，使自然侵蚀逐渐发展为加速侵蚀。新中国成立以后，由于人口大量增长，一些地方陡坡垦种、毁林毁草以及开矿、修路、立村建镇等开发建设或基础设施建设扰动地貌、破坏地表、损坏植被等，又产生了新的人为水土流失。根据1990年全国遥感资料，黄河流域的水土流失面积为46.5万km²，其中黄河流域水土流失区域大致与黄土高原地区重合的黄河中游水土流失面积为45.2万km²，占黄河流域水土流失面积的97.2%。黄土高原地区水土流失的特点是侵蚀类型复杂，从侵蚀动力特点可分为水力侵蚀、风力侵蚀、重力侵蚀、冻融侵蚀和生物力侵蚀等五种侵蚀类型，大部分地区表现为以一种动力，两种或两种以上动力交相作用的复合侵蚀。侵蚀强度大，黄河流域34.7万km²的水力侵蚀面积中，约2/5（42.1%）的面积为侵蚀模数大于5 000 t/（km²·a）的强度以上的侵蚀面积，约1/4（24.5%）的面积为侵蚀模数大于8 000 t/（km²·a）的极强度以上的侵蚀面积，约1/10（10.2%）的面积为侵蚀模数大于15 000 t/（km²·a）的剧烈侵蚀面积。发生强烈侵蚀的时空分布集中，黄河河口镇至三门峡区间是产输沙较多的区域，中游多沙粗沙区的多年平均输沙量占黄河输沙量的62.8%；平均每年汛期6～9月的水土流失量占全年水土流失量的60%～90%，来沙又往往集中于几场大的暴雨洪水，许多地方的一次暴雨的侵蚀量占全年侵蚀的60%以上。

10.2.2　日趋严重的水资源瓶颈

黄土高原地区是全国著名的缺水地区之一。受气候、地形和产流条件等因素的影响，黄河水资源时空分布极不均衡。兰州至河口镇区间大部分是干旱、半干旱地区，天然径流量很小，是流域内水资源最贫乏的地区；河口镇至花园口区间人均水量500 m³左右，平均每公顷耕地水量约3 000 m³，是流域内水资源的又一贫乏区，尤其是龙门至三门峡区间的泾河、北洛河、渭河、汾河流域，人均水量300 m³左右，平均每公顷耕地水量约1 900 m³。按照国际公认的标准，人均水资源低于3 000 m³为轻度缺水，人均水资源低于2 000 m³为中度缺水，人均水资源低于1 000 m³为重度缺水，人均水资源低于500 m³为极度缺水。黄土高原地区为人均水资源低于1 000 m³的重度缺水区，人均水资源量低于500 m³的极度缺水区占有不小的比例。基于这种状态，黄土高原地区的国民经济与和社会发展速度受到严重制约。

黄河水资源几乎是今后黄土高原地区经济发展与区域开发唯一可依赖的水

源。根据有关资料估算，黄土高原地区水资源总量约465.4亿m³，其中河川径流量约392.8亿m³，地下水资源量约263.1亿m³，地下水与地表水的重复水量190.5亿m³。如果再加上黄河龙羊峡以上入境水量210.9亿m³，黄土高原地区最大可能利用的水资源总量为676.3亿m³。但是黄河水资源不仅要满足黄土高原地区环境治理、发展灌溉特别是建立全国意义的能源重化工基地的用水要求，而且要肩负起黄河下游冲沙减淤、消除洪水灾害以及满足下游工农业和城乡建设等的用水需求。据2007年5月10日的新华网报导，在宁夏银川至内蒙古呼和浩特800 km长的黄河沿岸，总投资超过4 000亿元的煤—水重化工产业带正在建设形成。目前，宁夏和内蒙古用水量已占黄河总耗水量的35%，水利专家预计，2010年两省（区）仅工业用水需求就将达到21.3亿m³，是目前的5倍以上。从2006年耗水情况（见表10-1）来看，黄河花园口以上区域耗用水278.43亿m³，其中农业耗水217.46亿m³，工业耗水34.98亿m³，城镇公共及居民生活用水22.74亿m³，生态用水3.25亿m³。如果再加上210亿m³的冲沙入海水量，用于满足下游工农业生产或进一步开发的水资源量不足200亿m³。在上述耗水量中，河川径流的耗用量为200.89亿m³，尚可用于满足下游工农业生产或进一步开发的河川径流量仅190亿m³左右。随着农业生产的快速发展、大规模能源重化工产业群的兴起和城乡人民生活水平的日益提高，耗水量急剧增加，加之黄河水资源还有水少沙多、水沙异源、时间分布和空间分布不均匀及连续枯水时间长的特点，必将造成黄河水资源供给分配形势更加紧张，将成为黄土高原地区经济加速发展的"瓶颈"。

表10-1 黄河花园口以上区域行业耗水情况统计 （单位：亿m³）

流域分区	耗水类别	农田灌溉	林牧渔畜	工业	城镇公共	居民生活	生态环境	合计
龙羊峡以上	地表水	0.95	0.58	0.03	0.01	0.07	0	1.64
	地下水	0	0.02	0.01	0.01	0.03	0	0.07
	小计	0.95	0.60	0.04	0.02	0.10	0	1.71
龙羊峡至兰州	地表水	18.88	1.42	4.82	0.33	1.03	0.12	26.6
	地下水	1.18	0.02	1.18	0.17	0.54	0.15	3.24
	小计	20.06	1.44	6.00	0.50	1.57	0.27	29.84
兰州至头道拐	地表水	85.63	10.73	5.77	0.99	1.69	1.01	105.82
	地下水	11.10	2.36	3.39	0.47	1.34	0.26	18.92
	小计	96.73	13.09	9.16	1.46	3.03	1.27	124.74
头道拐至龙门	地表水	5.27	0.51	1.63	0.58	1.04	0.01	9.04
	地下水	3.13	0.56	1.07	0.08	0.73	0.05	5.62
	小计	8.40	1.07	2.70	0.66	1.77	0.06	14.66
龙门至三门峡	地表水	28.02	2.44	4.25	1.41	2.45	0.67	39.24
	地下水	21.99	3.27	7.03	1.00	5.50	0.37	39.16
	小计	50.01	5.71	11.28	2.41	7.95	1.04	78.40
三门峡至花园口	地表水	12.70	0.53	3.66	0.50	0.98	0.18	18.55
	地下水	5.39	0.78	2.14	0.22	1.57	0.43	10.53
	小计	18.09	1.31	5.80	0.72	2.55	0.61	29.08
区域合计	地表水	151.45	16.21	20.16	3.82	7.26	1.99	200.89
	地下水	42.79	7.01	14.82	1.95	9.71	1.26	77.54
	小计	194.24	23.22	34.98	5.77	16.97	3.25	278.43

10.2.3 频繁的干旱和洪涝灾害

黄土高原地区的大部分地区为干旱和半干旱地区，本区北部地区为风沙区、干旱草原区及荒漠草原区，严重的水土流失，加剧了干旱、风沙自然灾害的发生和发展。根据1489~1990年500余年资料，黄河流域发生大旱148次，其中1489~1499年发生13次，以后每百年发生的次数分别为22次、33次、26次、22次和32次；发生重旱（极旱）25次，其中1489~1499年发生1次，以后每百年发生的次数分别为8次、4次、3次、3次和6次。另据史料考证，与森林植被不断减少的情况正好相反，陕西秦岭以北地区的旱灾和黄河下游的水灾每百年发生的次数，唐宋比两汉增加了2倍，明清比唐宋又翻了一番。近50年资料统计表明，我国5个明显的干旱中心涉及黄土高原地区的有西北地区和黄淮海地区2

个中心。其中山西北部和沿黄地区为黄淮海中心的重旱区；陕北的定边和内蒙古的东胜、乌审旗为西北中心的极旱区；陕西的榆林、延安、渭南和甘肃的白银、庆阳以及青海的海东地区为西北中心的重旱区；甘肃兰州和陕西宝鸡等地区为西北中心中旱偏重的干旱区。据统计，目前黄土高原地区超过80%的面积遭受不同程度的干旱威胁，新中国成立以来全区每年平均受旱面积75万hm²，最大成灾面积235万hm²。

黄河流域黄土高原地区整体上地形破碎，土质疏松，植被覆盖度低，特别是降雨量十分集中，许多地区年内的一两次暴雨就集中了该地区全年的降雨量。高强度降雨下的超渗产流对大洪峰的形成具有重要影响，这些地区的暴雨易于导致洪水发生，时间集中，峰高量大，暴涨暴落。因此，各地汛期都易于发生严重的洪涝灾害，给工农业生产、人民生命财产和社会经济发展造成巨大损失。

除以上之外，由于受到经济发展的影响，该区科技文化的相对落后，传统的低层次经济行为和封闭式的自然经济经营方式，又反过来制约经济的发展速度，形成一定程度的恶性循环。

10.3 成就与创新

人民治理黄河，尤其是改革开放以来，黄土高原地区的水土保持以黄河支流为骨架，以小流域为单元，以重点治理为依托，以减少入黄泥沙、促进区域经济与社会发展、改善生态环境为目标开展综合防治，在改革中不断发展，走出了一条具有中国特色的水土保持新路子。黄土高原地区的水土流失防治不仅丰富和发展了水土保持科学，而且对加快黄河治理、推动区域经济发展、改善生态环境改良和促进社会的和谐进步等发挥了显著的作用。

10.3.1 黄土高原地区水土保持成就与效益

新中国成立以来，黄土高原地区的水土保持工作有了很大发展，取得了前所未有的辉煌成就。截至2007年，累计初步治理水土流失面积22.56万km²，还修建了184万处（座）谷坊、水窖、沟头防护等小型水保工程。国家对水土保持的投资力度不断加大，水土流失的治理速度逐步加快；水土保持规划进一步加强，监督执法的领域不断拓宽；科研、监测等技术支撑的力度显著增强。保护和合理开发黄土高原地区的水土资源，为减轻水旱灾害、发展农村经济、改善生态环境、加快农民增产增收步伐，推动社会进步和显著减少入黄泥沙发挥了重要作用。

10.3.2 黄土高原地区水土保持经验

10.3.2.1 以小流域为单元综合防治水土流失

坚持以小流域为单元的综合治理，是充分发挥水土保持防护开发体系整体功能与综合效益的最佳途径。以小流域为单元，以黄河支流为骨架，坡面防治措施、沟道防治措施与农村基础设施建设相结合，工程措施、植物措施与农业耕作措施相结合，生态效益、社会效益与经济效益相结合，山水田林路统筹规划、因地制宜、综合防治，是黄土高原地区防治水土流失最成功的经验。在沟道建设淤地坝、治沟骨干工程、拦泥库以及小型拦蓄措施等治沟体系，可以起到快速拦截泥沙、拦蓄径流和洪水的作用，同时也为植物措施和坡面治理赢得了宝贵的时间、创造了相对适宜的条件；随着植物措施和坡面郁闭度的增加，其阻滞雨水击溅侵蚀、拦蓄径流、增加就地入渗、改善土壤理化性状作用逐渐显现，从而保障了沟道工程的持续安全运用；在地广人稀、雨量适宜区域，通过封山、禁伐、禁牧、轮牧、休牧等保护措施，转变农牧生产方式，控制人对自然的过度干扰，依靠自然力提高植被覆盖度是费省效宏的措施；加强干旱草原区、高地草原区、林区、土石山区、重要水源区和自然绿洲区的预防保护，加强对垦荒挖山、砍伐林木、草场超载和矿产、石油、天然气、有色金属、水利工程、交通、城镇基础设施等开发活动的监督管理，控制开发建设扰动地貌、破坏地表和植被、随意弃土弃渣的行为，可以有效减少人为水土流失。各种措施合理配置，相得益彰，共同发挥作用，就会收到事半功倍的效果。

10.3.2.2 因地制宜，分类指导

黄土高原地区东西长1 100多km，南北宽650多km，面积64万km²，横跨青海、甘肃、宁夏、内蒙古、陕西、山西、河南7个省（区），各地的自然、社会经济条件和水土流失状况差异很大。科技学术界曾就黄土高原地区的农业生

产发展方向究竟以农业、林业、牧业谁为主和水土保持治理措施中工程措施与林草措施、治坡措施与治沟措施谁为主的问题展开过激烈的争论。应该说争论双方各据其理，但论点都不够全面。黄土高原地区的农业生产发展方向和治理措施部署必须因地制宜，分类指导。根据黄土高原地区的侵蚀形态（水力侵蚀、风力侵蚀和重力侵蚀等）、侵蚀程度（严重、一般和轻微）和侵蚀因子（地形、降雨、土壤、植被、人口密度和耕垦指数等），可将该区划分为严重流失区、局部流失区、轻微流失区3个一级类型区和黄土高塬沟壑区、黄土丘陵沟壑区、黄土阶地区、冲积平原区、土石山区、林区、高地草原区、干旱草原区、风沙区9个二级类型区。土石山区、林区、高地草原区、干旱草原区和风沙区为局部流失区，农业生产方向为林牧业为主的地区，水土保持措施以保护现有植被、防止破坏为主；对已遭破坏、产生严重水土流失的土地采取积极的综合治理措施。黄土阶地区和冲积平原区为轻微流失区，农业生产方向为农业为主的地区，水土保持措施主要是进一步搞好水利，提高灌溉效益，力争高产；少量的侵蚀沟应采取类似于黄土高塬沟壑区的治沟措施。黄土高塬沟壑区和黄土丘陵沟壑区为严重流失区，农业生产方向为农、林、牧业并举的地区，对黄土高塬沟壑区的水土保持措施要求是："保塬固沟，以沟养塬"，在塬面、沟头、沟坡、沟底形成四道防线；在黄土丘陵沟壑区的水土保持措施要求是：坡沟兼治，综合治理，建立梁峁顶、梁峁坡、峁缘线、沟坡和沟底防护体系。

10.3.2.3 突出重点、以点带面

经过长期的科学研究和艰苦的实践探索，人们对于对黄河下游淤积影响最大的产沙区和拦截泥沙的关键措施在认识上有了新的飞跃。首先，划分出了黄土高原地区水土保持国家重点预防保护区、国家重点监督区和国家重点治理区，明确了不同区域水土保持工作的特点、对策与措施；其次，明确划分出了黄河中游多沙区、黄河中游多沙粗沙区和黄河中游粗泥沙集中来源区等危害黄河的重点区域，深化了对这些区域环境特点、产沙规律和治理方略的认识；再次，在治理措施的安排上，把淤地坝建设摆在突出重要的位置，注重大力推进生态的自我修复措施，明确治黄的关键措施。以黄河中游多沙粗沙区，尤其是黄河中游粗泥沙集中来源区为拦截泥沙的重点区域，以淤地坝为主的沟道工程

措施为拦截泥沙的重点措施。安排治理措施布局，抓住了黄土高原地区水土流失治理的要害和关键，对于整个黄土高原地区的水土流失治理具有典型引路、以点带面的强烈辐射作用。

10.3.2.4 重视基本农田建设、农村产业发展和群众脱贫致富问题

黄土高原地区广大科技人员和农民群众在长期的生产实践中，创造了卓有成效的合理利用坡耕地的经验，其核心是在坡面上修筑梯田，实行等高种植，实现土地利用与土地适宜性、用地与养地的统一，使年内及年际间分布不均的降雨得到拦蓄、调节和利用，做到"秋雨春用，暴雨缓用"，以水促肥，以肥调水，提高土地生产力。

陕西省长武县自20世纪80年代开始，实施塬、坡、沟大规模水土保持治理开发，通过10年修筑基本农田、营建农田林网、植树造林、修筑沟埂沟头防护工程等，初步形成了塬、坡、沟三道立体的水土流失防线。农业总产值、粮食总产量和农民人均收入大幅度提高。1991年被列为全国首批水土保持综合治理开发示范县后，开始了为期5年的"规模化治理、区域化开发、产业化发展"的发展模式探索。期末全县累计治理水土流失面积475 km²，每年拦泥229万t，拦蓄径流380万m³，年土壤侵蚀量下降了60%，稳定了全县95%的沟边和88.7%的沟头；全县2.5万hm²耕地的96.38%为高产稳产的基本农田，人均基本农田达0.13 hm²，其中人均水浇地0.03 hm²，实现了粮食自给；林牧用地比例大幅度提高，土地利用率由70%提高到87.6%，建成了以苹果、烤烟为拳头产品，花椒、大枣、蔬菜、畜产品、杂果全面发展的八大农产品商品基地，工农业总产值增长了111.4%，农业人均纯收入提高了70.5%；围绕农副产品加工和流通建成中小型企业4 560个，总产值上亿元，累计安排农村剩余劳力1.1万余人，建设商业网点2 500个和集贸市场6处，5万多农民投入二、三产业，率先走上了富康之路。

10.3.3 黄土高原地区水土保持的创新

10.3.3.1 淤地坝——黄土高原地区劳动人民的伟大创造

淤地坝是黄土高原地区人民群众在长期同水土流失斗争实践中创造出的一种行之有效的拦泥缓洪、保持水土、淤地造田的措施，在拦泥、淤地、减灾、

提高水资源利用率、促进农业退耕、结构调整和经济增长、改善丘陵山区交通和生活条件等方面发挥了十分关键的作用。最早的淤地坝是自然形成的，有记载的人工筑坝始于明代万历年间，距今已有400多年的发展历史。1945年黄委在西安荆峪沟修建了黄土高原地区的第一座淤地坝。新中国成立后，经过20世纪50年代的试验示范和60年代的推广普及，黄土高原地区的淤地坝在70年代有了很大的发展。为解决群众性建坝中标准低、配套差、无规划、缺设计以及易于发生连锁垮坝等问题，80年代中期以来，由原国家计委和水利部批准，原黄河中游治理局组织在陕北、晋西北、内蒙古南部、甘肃定西国家重点治理区、宁夏西海固地区和青海海东地区等开展了水土保持治沟骨干工程试点，开展了规范建设、规模发展、完善坝系、建管并重的新阶段。2003年以来，黄土高原地区水土保持淤地坝建设作为水利部启动的三大"亮点工程"之一取得了大规模的进展。截至2008年年底，黄土高原地区建成淤地坝9.1万座，淤成坝地30多万hm²，发展灌溉面积5 300多hm²，保护淤地坝下游川台地1.3余万hm²。按沟道工程拦泥效益占水土保持措施效益65%计算，沟道工程平均每年减少入黄泥沙2.3亿~2.9亿 t 。

10.3.3.2 小流域综合治理——黄土高原地区改造山河的伟大创举

"小流域综合治理"一词的来源可以追溯到1941年国民政府设立甘肃天水（陇南）水土保持实验区和陕西关中水土保持实验区时期。1944年，天水水土保持实验区选择大柳树沟作为小流域治理试验区，开始了"沟坡栽树，沟底打柳土、土石谷坊，沟口建量水堰"的小流域治理试验；1950年以后，黄委相继成立天水、西峰和绥德3个水土保持科学试验站，成功进行了修梯田、打坝、造林、种草和沟头防护等系列水土保持措施试验，并选择吕二沟、南小河沟、韭园沟、辛店沟作为试验小流域，因地制宜、因害设防地布设各种水土保持措施，开创了以小流域为单元综合治理的历史；20世纪六七十年代，黄土高原地区各省（区）仿效以小流域为单元综合治理的做法，先后规划治理了成千上万条小流域，有的与当地经济开发相结合，办成了发展区域经济的大样板，掀起了小流域综合治理的小高潮，产生了广泛而深刻的社会影响。

为探索不同类型区小流域综合治理模式，把治理与开发结合起来，实现小流域的快速治理，水利部1980年以来安排在黄河流域开展了5期171条小流综合治理试点，其中90%左右安排在黄土高原地区。除部分试点小流域转入重点治理外，前4期试点中黄土高原地区先后有141条通过了竣工验收，流域面积4 895.1 km²，完成水土流失治理面积1 725.38 km²，新增治理程度37.85%，使流域治理程度达到70%以上。试点的开展为区域快速治理树立了一大批典型，对推动整个黄土高原地区水土保持治理开发起到了示范和辐射作用。各地以小流域为单元的水土保持综合治理工作蓬勃发展，1983年和1993年开始的两期无定河、三川河、皇甫川和定西县4大片国家级水土流失重点治理，包括陕西、山西、内蒙古和甘肃4省（区）的790条小流域；1986年，中国科学院开展了"黄土高原综合治理"国家重点攻关项目，组织了黄土高原地区科学考察，设立了11个综合治理试验示范区；1997年开始的黄河上中游地区18条重点支流及沿黄水土流失重点区治理项目，涉及青海、宁夏、甘肃、内蒙古、陕西、山西和河南等省（区）29个地（盟）、67个县（市、旗）的162条小流域；1998年以来，启动实施的耤河、齐家川和韭园沟水土保持示范区项目包括44条小流域。目前，"以小流域为单元，山、水、田、林、路统筹规划，综合治理"已成为黄河流域乃至全国水土保持最成功的经验。据不完全统计，黄土高原地区各类重点治理小流域已发展到3 600余条。

10.3.3.3 雨水资源利用——黄土高原地区具有革命性意义的水土保持旱作农业措施

黄土高原地区绝大部分地区为干旱或半干旱地区，一方面是严重缺水，另一方面又有严重的水土流失，这是矛盾的两个方面，而矛盾的焦点又在"水"上。作为特定的生态类型区和重要的农业区，农业生产大面积依靠200~600 mm的降水资源，雨水成为农业生产和农村经济发展的限制因素，以雨养旱作农业为特征的农业承载能力逐渐不能满足人口增加生产的需求，导致对农业资源的掠夺式经营，使农业可持续发展成为该区21世纪生态恢复与农业发展的主要任务。雨水集蓄利用是一项古老而实用的技术，是黄土高原地区改善生态环境和提高土地生产的结合点，成为实现生态恢复和水土资源永续利用的重要手段。

雨水资源利用具有悠久的历史，公元前2000年的中东地区就有利用雨水的记载。在同干旱气候长期的斗争中，希腊、阿拉伯和以色列人积累了收集利用雨水的丰富经验。20世纪70年代以来，美国、苏联、突尼斯、巴基斯坦、印度、澳大利亚、德国、日本、加拿大等国在雨水利用方面进行了大量研究。其后，世界各地悄然掀起了雨水利用的高潮，1982年，夏威夷第一届国际雨水集流会议后，国际雨水集流系统协会（IWRA）成立，并多次召开学术会议，促进了国际间雨水利用的交流与研究。联合国粮农组织和国际干旱地区农业研究中心也很重视雨水资源的利用问题。以色列、美国、澳大利亚等国成立了干旱研究机构，专门研究有关农业用水的问题。目前，以色列和日本分别在集雨农业灌溉和利用雨水回灌地下水方面成就显著。

我国黄土高原地区的劳动人民在长期的抗旱实践中创造出和积累了丰富的雨水利用经验。距今约4 100年的夏朝后稷时期便开始推行区田法，战国末期有了高低畦种植法和塘坝，明代出现了水窖。20世纪50~60年代，创造出鱼鳞坑、隔坡梯田等就地拦蓄利用技术。在80年代后期，各地突破了原来雨水只作为人畜饮用的传统，纷纷实施雨水集流利用工程，收集的雨水被用于发展庭院经济和大田作物需水关键期的补充灌溉。如甘肃的"121雨水集流工程"、陕西的"甘露工程"、山西的"123"工程、宁夏的"窖窖工程"、内蒙古即将启动的"112集雨节水灌溉工程"和山西省实施的雨水集蓄工程。

目前，黄土高原地区集雨利用技术主要由收集、储蓄和高效利用三大部分技术组成。雨水收集技术主要有两类：一是通过水土保持工程改造田间微地形或采取水土保持耕作措施，集聚和存储降水，增加就地拦蓄入渗，如修筑水平梯田、隔坡梯田、水平沟、鱼鳞坑等或采取等高耕作、起垄耕作、粮草轮作、带状间作、渗水孔耕作及蓄水聚肥耕作技术等；二是采用自然集流面或人工修建的防渗集流面，收集并储蓄雨水在水窖等储水工程中供作物灌溉或人畜饮用的人工集流技术，如修建集雨场、集水渠、沉淀池、拦污栅和引水管等集雨设施等。雨水储蓄技术主要是通过修筑水窖、水池、涝池等蓄水工程设施，把集流面所汇集的径流拦蓄储存起来以备利用。雨水高效利用技术主要包括低压管道灌溉、注灌、膜下沟灌和微灌等节水灌溉技术和耕作保墒、覆盖保墒、抗旱品种筛选应用、化学制剂保水及有限补充灌溉等农艺节水技术。

集雨节灌是黄土高原地区发展高新种养业、生产高附加值农产品及生态系统建设的核心技术，是黄土高原地区人民观念的一次革命性变革，特别是以窖灌为标志的集雨节水技术是黄土高原地区旱作农业区的一项革命性的水土保持措施，可保证农业生产的持续与稳产。党的十五届三中全会提出"大力发展节水灌溉，把推广节水灌溉作为一项革命性措施来抓"，《全国生态环境建设规划》也把"大力发展雨水集流节水灌溉和旱作节水农业"作为重要内容。实践证明，在干旱和水土流失严重的黄土高原地区，要使农业持续稳定地发展，就必须改变广种薄收的习惯，发展集雨灌溉农业，也就是在建设基本农田、提高粮食单产的同时，合理调整农林牧业用地比例，实现水土及其他自然资源的合理利用，增加林草植被，减少水土流失。通过调整农业结构提高系统物质和能量的转换效率、流通水平和整体功能。

10.3.3.4 多沙粗沙源区的发现——黄土高原地区最具根本性治黄意义的水土保持科研成果

新中国成立50多年来，黄土高原地区的水土保持科学研究坚持面向治理、面向区域经济社会发展的方针，大力开展应用基础和实用技术研究，在水土流失规律、水土保持措施、小流域综合治理模式和水土保持效益研究等方面完成了千余项科研项目，解决了许多关键性的技术难题，取得了大批具有较高学术水平和实用价值的科技成果。在众多水土保持科研成果中，最具价值的科研成果莫过于发现黄河中游多沙区、粗沙区、多沙粗沙和粗泥沙集中来源区这些对减少黄河下游淤积泥沙至关重要的区域。首先发现这一区域的是我国著名的泥沙专家钱宁教授等，钱宁等20世纪60年代初在绘制黄河中游粗泥沙输沙模数图的基础上，得出粒径大于0.05 mm的粗泥沙主要集中于两个区域：皇甫川至秃尾河区域各条支流的中游地区，粗泥沙输沙模数达10 000 t/（km²·a）；无定河下游地区和广义的白于山地区，粗泥沙输沙模数分别达6 000~8 000 t/（km²·a）和6 000 t/（km²·a）左右。20世纪70年代以来，黄委及中国科学院的多位专家和科技人员，分别采用"来沙分配图法"与"指标法"，对黄河上中游多沙区、粗沙区和多沙粗沙的范围及面积进行了多次界定与研究，奠定了黄河中游多粗沙源区研究的基础，但由于采用的资料、方法与指标不一致，以致成果数值有一定的差别，多沙区面积5.1万~21万 km²，粗沙区面积3.8万~21万 km²不等。1996~1999年，黄委组织开展的"黄河中游多沙粗沙区区域界定及产输沙规律研究"，按照"多年平均输沙模数≥5 000 t/km²的强度侵蚀以上水土流失区为多沙区、粒径大于0.05 mm粒级粗泥沙年均输沙模数≥1 300 t/km²的水土流失区为粗沙区，具备多沙区和粗沙区条件的水土流失区为多沙粗沙区"的原则，经过外业查勘、内业分析和卫星遥感图片对照修正等综合研究，最终界定出黄河中游多沙区面积为11.92万km²、粗沙区面积为7.86万km²、多沙粗沙区面积为7.86万km²。2004～2005年，黄委再次组织开展了"黄河中游粗泥沙区集中来源区界定研究"，以黄河中游多沙粗沙区为研究区域，按照粒径大于0.10 mm粒级粗泥沙年均输沙模数≥1 400 t/km²的水土流失区为粗泥沙集中来源区的原则，经过资料整理、外业考察、内业分析和地理制图等综合研究，最终界定出的黄河中游粗泥沙集中来源区面积为1.88万km²。黄河中游多沙粗沙区和粗泥沙集中来源区的界定，明确了黄土高原水土流失治理的重点和关键区域，便于集中力量先抓主要矛盾，有的放矢地采取更加有效的措施，较快地收到事半功倍的效果，对于从根本上治理黄河具有革命性的意义。

10.3.3.5 沙棘治理水土流失——黄土高原地区具有神奇生态经济开发价值的水土保持植物措施

沙棘原本是生长于我国及欧洲名不见经传、很少有人关注的落叶灌木，至今不过近百年的栽培历史。在黄土高原地区发现并研究具有神奇生态经济功能的水土保持植物——沙棘，也算得上水土保持科学研究的重大贡献。虽然黄委及流域各省（区）的一些水土保持试验站从20世纪50年代初就开始了黄土高原地区的沙棘科研工作，且在沙棘生物学特性、分类体系和良种繁育研究取得了较大的进展，但我国真正栽培沙棘的历史也只有20多年。沙棘具有耐干旱、耐寒冷、耐瘠薄、耐轻度盐碱的特点，灌丛茂密，根系和根瘤发达，分蘖萌生能力很强，能有效保持水土、改良土壤和防风固沙，促进其他植物生长，达到快速改变恶劣生态环境的目的，同时沙棘浑身都是宝，果实、茎秆、枝叶和根系都有较高的开发利用价值，特别是果实和种子中含有丰富的营养物质及生物活性物质，在食品、饮料、保健品、药品及化妆品等领域具有广泛的用途。1985年，时任水电部长的钱正英为推动黄土高原地区的植被建设，加速治理水土流失，帮助山区农民脱贫，向中央提出了"以开发沙棘资源作为加速黄土高原治理的一个突破口"的建议，拉开了大规模种植开发沙棘的序幕。黄河上中游管理局组织开展了大量沙棘种植试验、示范、开发和研究工作，1986年开始在砒砂岩分布最集中的内蒙古鄂尔多斯地区17个试种区种植沙棘；1990

年开始以准格尔旗、东胜市和达拉特旗的8个乡（镇）为重点项目区实施了砒砂岩沙棘专项治理工程；为加快砒砂岩沟道治理的步伐，1995年开始在准格尔旗开展了沙棘治理砒砂岩千条沟工程，在砒砂岩裸露区人工栽植沙棘超过3万hm²；1994~1998年，在总结前期沙棘工作经验的基础上开展了不同类型区沙棘示范建设项目，在青海、甘肃、宁夏、陕西、山西和内蒙古6省（区）31个县（旗、市）完成沙棘造林6万多hm²，涌现出了大通县、镇原县、清水县、彭阳县、吴起县、志丹县和准格尔旗等一批沙棘造林先进典型，推动了黄土高原地区沙棘资源建设的快速发展。据初步统计，黄土高原地区1985年底的沙棘资源面积为50多万hm²，之后以每年3万~7万hm²的速度增长，到2000年底的沙棘资源面积超过126万hm²，约占全国的85%。1998~2001年，水利部沙棘开发管理中心采用"国家＋公司＋农户"模式，实施了"晋陕蒙砒砂岩区沙棘生态工程"，完成沙棘造林8.18万hm²，10年内使工程区内新增沙棘林28.67万hm²，大面积砒砂岩区的水土流失得到有效控制的同时，项目区群众通过种植沙棘、采收沙棘果叶实现每年增加收入500元以上，找到一条致富门路。我国目前有沙棘油、沙棘饮料和沙棘保健品等各类沙棘企业200家左右，如果加上其他产品，总产值约3亿元人民币。黄土高原地区的绝大部分地区均适合种植沙棘，沙棘是黄土高原地区植被建设的一个关键树种，随着沙棘良种繁育和栽培技术的发展，沙棘企业加工能力的不断提升，种植沙棘必将为黄土高原地区恢复和重建植被作出更大的贡献。

10.3.3.6 水土保持监督监测——黄河水土保持事业的伟大开拓

加强监督管理是防止人为造成水土流失的主要途径，是水土保持在工作方略上的一个根本转变。20世纪50年代中期以来，国务院发布的《中华人民共和国水土保持暂行纲要》及有关禁止垦荒、砍伐林木及兴修水利、公路、铁路等专项通知都对做好水土保持工作作出了具体规定；1982年6月3日，国务院发布的《水土保持工作条例》首先明确了"防治并重，治管结合，因地制宜，全面规划，综合治理，除害兴利"的水土保持工作方针，把预防和管理提到了非常重要的位置，并专设"水土流失的预防"章节，规定开荒、伐木、水利、交通、工矿等生产建设预防水土流失的要求；20世纪80年代中期，晋陕蒙接壤地区的神府-东胜煤田、河东煤田等列为国家开发重点，煤田与基础设施建设呈现出国家、集体、个人一齐上的局面，为遏制可能造成的新的水土流失，国务院于1988年9月颁布了《开发建设晋陕蒙接壤地区水土保持规定》，黄河上中游管理局在晋陕蒙接壤地区开展了以机构建设、法规建设、培训宣传、查处案件和制定规划为主要内容的水土保持监督执法试点，开始了水土保持监督事业的伟大开拓；1991年6月29日《中华人民共和国水土保持法》的颁布实施，标志着水土流失防治步入了法制化轨道，通过多年的探索，已基本形成了水土保持预防监督法律法规、监督执法和技术服务三大体系，形成了流域管理与区域管理相结合的管理模式。目前，各省（区）都制定了《水土保持法实施办法》及配套法规；建立了水保监督执法机构387个，配备专、兼职监督执法人员8 000多人，已依法审批水土保持方案2万多个，查处水保违法案件1万余起，收缴水土保持防治费和补偿费1.3亿元。有效地巩固了水土保持治理成果，防止或减少了人为造成的新的水土流失。

黄土高原地区的水土保持监测可以追溯到20世纪40年代初黄委林垦设计委员会在陇南水土保持实验区开展的水土流失定位观测，但是"监测"一词引入水土保持却是1994年立项实施黄土高原水土保持世界银行贷款项目的事，当时的监测内容包括两部分：梯田、淤地坝、水浇地、造林、种草、小型拦蓄工程等水土保持措施计划执行、财务物资管理与工程质量监测；经济效益、水沙变化、环境影响、投资效果和技术服务效果监测。1998年立项实施的国家"948"项目"黄土高原严重水土流失区生态农业动态监测系统技术引进项目"，给水土保持监测在内容上、在方法上、在工作制度上赋予了更为实质的内容。水土保持监测工作已基本普及到区域水土流失的主要县（市、旗），监测的内容、方法和标准随着实践的发展不断完善，并对全国水土保持监测工作的开展起到引路和探索的作用。现建有水土保持监测机构169个，其中黄河海域监测中心1个、省级监测总站8个、地市级监测分站69个、县（市、旗）级监测分站92个；有监测技术人员877人，基本形成了流域机构、省（区）、地（市）、县（旗）较完整的水土保持监测体系。

10.3.3.7 "黄土高原水土保持世界银行贷款项目"——世界银行贷款农业项目的旗帜工程

20世纪80年代以来，黄土高原地区有关政府组织科学研究单位，在与有关国际组织或国家开展土地利用、生物改良、草地农业系统开发、区域绿化基础、土壤侵蚀等科学研究项目的同时，也合作开展了一些有关水土流失治理外资援助项目。如宁夏回族自治区、青海省、陕西省及国家农业部（原农牧渔业部）分别与世界粮食计划署合作，开展了西吉县防护林建设工程项目、海东地区改造低产田工程项目、米脂县黄土高原治理项目、杏子河流域综合治理工程；甘肃省受国际复兴开发银行资助开展了定西县关川河流域水土保持综合治理。

随着改革开放的深入，黄土高原地区水土保持工作向外向型、多部门发展，加速了区域综合治理与开发。分别于1994年和1999年启动实施的黄土高原水土保持世界银行贷款一、二期项目，项目涉及陕、晋、甘、蒙4省（区）的14个市、48个县（市、旗），总面积3万km²，其中水土流失面积2.8万km²。项目总投资额约42亿元人民币，其中引进外资3亿美元。该项目在保护和恢复黄土高原地区生态环境，减少入黄泥沙，实现区域国民经济与社会的可持续方面进行了有益的尝试，取得了明显的经济效益、社会效益和生态效益。尤其是项目高效的组织管理体系，系统的项目前期工作，严格的监督检查、财务管理、工程和物质采购招投标制度，全面科学的监测评价体系以及近乎完善的政府配套政策，奠定了项目圆满实施的基础。黄土高原水土保持世界银行贷款项目的成功实施，被喻为世界银行贷款农业项目的"旗帜工程"，世界银行、欧盟和非洲等组织和地区多次派代表团赴项目区考察交流，拓宽了水土保持国际合作的领域，产生了广泛的国际影响。2004年5月，世界银行授予黄土高原水土保持世界银行贷款项目"世界银行行长杰出成就奖"，这是我国水土保持及水利行业获得的第一个国际大奖。

10.4 任重道远

新中国成立以来，黄土高原地区的水土保持工作获得了长足的发展，取得了前所未有的辉煌成就，政府和民众对黄土高原地区水土保持的认识逐渐深化，对如何开展水土保持工作日益明确。随着国家对水土保持的投资力度加大，水土保持监督执法领域的拓宽，水土保持科研、规划和监测等技术支撑的强化，黄土高原地区水土保持必将为减轻水旱灾害、改善生态环境，发展农村经济、加快农民增产增收步伐，推动社会进步和显著减少入黄泥沙发挥重要作用。

10.4.1 渠清为有活水来——黄土高原地区水土保持的必要性与紧迫性

黄土高原地区水土保持的重要性和紧迫性是由黄土高原地区水土流失的严重性及其影响的广泛性所决定的。水土流失是我国尤其是黄土高原地区的头号环境问题，其危害主要表现在对土地、河流、生态和社会四个方面：其一是破坏地面完整，减少可利用耕地，降低土壤肥力，加剧干旱发生，严重影响农业生产；二是大量泥沙下泄，淤塞水库、湖泊，加剧洪涝灾害，降低水利工程综合利用的功能，减少水资源的可利用量；三是破坏水土资源，恶化人类和动植物的生存环境，减少区域生物多样性；四是威胁城镇、交通、工矿设施和河流下游生产建设与人民群众生命财产的安全，加剧群众的生活贫困。

因水土资源遭到破坏，进而衰竭并危及民族生存的结论已经在世界历史进程中得到了证明：在古罗马帝国、古巴比伦王国的衰亡中，水土流失导致生态恶化、民不聊生是其重要原因之一；古希腊人、小亚细亚人为了取得耕地而毁林开荒，造成严重的水土流失，使茂密的森林地带变成荒无人烟的不毛之地。

水土保持是黄土高原地区国民经济与社会发展的基础，是区域国土整治和黄河治理的根本，也是生态环境建设的主体。水土保持综合治理对减轻土壤侵蚀、控制风沙灾害、提高农业产量、改善群众生活、减少入黄泥沙等方面的作用显著，是促进黄土高原地区群众脱贫致富、全面建设小康社会的关键措施，是解决黄河泥沙问题的战略措施。同时黄土高原地区矿藏十分丰富，是国家能源重化工建设的重点，新兴工业、城镇和基础设施不断涌现，迫切需要当地为之提供足够的粮食、蔬菜、瓜果和其他生活必需的农副产品。作为区域发展战略之一，黄土高原地区的土地开发，必须与能源重化工基地建设同步进行，以土地开发保障和促进能源重化工基地建设的健康发展，否则，水土流失严重、生产力水平落后的农村，将成为工业发展的重要制约因素。

10.4.2 雄关漫道从头越——黄土高原地区水土保持的艰巨性与长期性

黄土高原地区水土保持的艰巨性和长期性，不仅取决于该区水土流失影响因素的多样性、不同因素之间相互作用的复杂性，而且取决于整个地区甚至国家国民经济与社会发展水平和决策的科学性。20世纪50年代后期和60年代初期，周恩来总理曾精辟指出，完成黄土高原的水土保持"需要经过几代人坚持不懈的努力"。实践证明，周总理的预见是完全正确的。

10.4.2.1 综合治理的任务仍然艰巨

黄土高原地区综合治理任务的艰巨性表现在，农业可持续发展和全面建设小康社会，对水土保持提出了更高的目标和要求。水土资源是发展现代农业和生态农业最基本的要素，全面建设小康社会不仅需要加快经济社会发展，提高人民生活水平，同时也需要大力保护和改善生态环境，保护和改善中华民族生存的空间，不断改善人民群众的生活环境和生活质量。目前，黄土高原地区仅有不到50%的水土流失面积得到了初步治理，同时因验收和统计方法的不完善性，有可能造成面积的多报或虚报；已初步治理地区因相当一部分措施标准低、配套差，加之黄土高原地区自然条件恶劣，特别是降雨时空分布不均、暴雨集中等特点，限制了水土保持工作的顺利开展和已取得成效的正常发挥，如经常有连年干旱，导致林草措施成活率、保存率降低，甚至大面积或成片死亡的情况，或经常出现局部（小范围）、短历时、高强度的大暴雨，超过水土保持工程措施设计防御能力，造成水毁，修复工程较大，巩固、完善、提高的任务很重；未治理的地区大多数是自然条件更加恶劣、地方经济状况更差、群众生活水平更低的地区，其治理难度将会更大。

10.4.2.2 人为水土流失的加剧增加了水土保持治理的难度

历史表明，人类活动无疑是促使水土流失加剧的一个重要因素，也在很大程度上增加了水土流失治理的难度。人类在演绎农业文明或农业繁荣的过程中，都或多或少地演绎着"人口增加—土地开垦—森林植被破坏—水土流失加剧"的规律。进入20世纪80年代以来，各地开矿、修路等开发建设造成人为水土流失的现象日益增多，甚至出现了"边治理、边破坏"、"一家治理、多家破坏"和"有些地方破坏大于治理"的现象。今后，随着人口的进一步增长和开发建设规模的日渐加大，依靠垦荒种地、乱砍滥伐、超载放牧等掠夺式生产方式实现农业经济增长和开发建设扰动地貌、破坏地表、毁损植被、随意弃土弃渣的现象还会愈演愈烈，协调人口、资源、发展、环境之间矛盾的任务将会更重，这就需要包括地方政府、企业和群众在内的全社会进一步提高水土保持意识。

10.4.2.3 投资不足仍是治理速度和进度的主要限制因素

黄土高原地区的水土保持措施起源于生产实践和群众运动，国家投资历来是补助性质的，目前的重点工程中央投资标准也只有每平方千米4万~6万元。由于目前大部分的水土保持工程作为基本建设项目实施，随着经济发展水平和物价指数的不断提高，各类工程措施和非工程措施的建设成本不断提高，投入需求相应加大。即使按近期相对合理的60万元/km^{2}的治理成本估算，黄土高原剩余地区水土流失治理面积的静态治理成本将达到1 200余亿元，高标准治理需要的治理投资将会更高；为落实水土保持预防保护和监督管理的目标，建立和完善水土保持监督监测体系，提高水土保持监管的科技水平，国家必须拿出巨额资金用于地方的财政补贴；为巩固退耕还林还草的成果，国家需要安排大量财力和物力用于农民口粮、种苗和生活费补贴，实现退耕还林还草自我发展与良性循环还需要很长的时间和走很艰辛的道路；严重水土流失地区大都是交通不便，缺电、缺煤和缺燃料的丘陵山区，实现丘陵山区农村用电和燃料替代工程都需要大量的资金投入；保护和恢复草原生态必须严格控制过牧超载现象，加快饲料基地建设，实施牧民定居、牲畜舍饲圈养以及草原轮牧、休牧、禁牧制度，都需要大量的资金投入。

10.4.3　得遇春风须奋蹄——黄土高原地区水土保持面临的发展机遇

随着我国国民经济的快速发展，黄土高原地区的水土保持将越来越显示出它的重要地位和作用。进入21世纪以来，国家继续把水土保持作为一项长期坚持的基本国策和科学发展的重要内容，纳入人口、资源、环境和经济社会可持续发展的总体战略，作了长远规划和全面部署。《中国21世纪议程》、《中华人民共和国国民经济和社会发展第十一个五年规划纲要》和《全国生态保护"十一五"规划》都将生态环境建设摆在突出的位置。国务院2002年批准实施的《黄河近期重点治理开发规划》提出，近期"要坚持工程、生物、耕作措施相结合，以小流域为单元，综合治理。把治沟骨干工程和淤地坝为主要内容的沟道坝系建设作为小流域综合治理的主要措施，通过小流域综合治理，有效拦蓄和利用降水，发展优质高产基本农田，为退耕还林还草创造物质基础和社会保障条件。同时采取封育限牧，充分发挥生态系统的自我修复能力，加快植被恢复和生态系统的改善"，规划近期黄土高原水土流失综合治理面积12.1万

km²。黄委正在组织修编的《黄河流域水土保持规划》，拟以黄土高原地区的黄河多沙粗沙区（系黄河中游多沙粗沙区与内蒙古自治区"十大孔兑"）为重点区域，以淤地坝（系）、坡耕地修梯田和生态自我修复为重点措施，以减少入黄泥沙、改善生态环境、促进区域国民经济与社会可持续发展为目标，加大水土保持预防监督和工程建设的力度，规划在2030年前综合治理水土流失31.25万km²，其中新增初步治理面积15.24万km²，巩固提高面积16.01万km²。新增和巩固提高治理面积中，基本农田447.79万hm²，水土保持林草2 677.21万hm²，修建水土保持治沟骨干工程1.51万座，中小型淤地坝4.42万座，小型拦蓄工程1 173.67万处。为实现这些宏伟目标，在抓工程规划、设计和建设实施的基础上，必须首先强化社会各界的水土保持法制意识，继续完善水土保持法规体系、监督执法体系和技术服务体系，不断加强水土保持预防监督工作，最大可能地减少新的人为水土流失；其次，要坚持不懈地实施以重点区域、重点措施为主的水土流失综合治理工程建设；再次，要始终重视科技进步的作用，认真抓好科学研究、监测、基本情况调查统计等水土保持技术支撑工作，提高水土流失预防治理的科技含量；最后，继续深化改革，逐步建立和完善水土保持运行机制，使治、用、管有机地结合起来。

目前，黄土高原地区的水土保持工作面临难得的发展机遇。首先，科学发展、可持续发展和人与自然和谐相处的理念不断深入人心，水土保持逐步得到全社会的普遍认同、积极支持和共同参与；其次，不断完善的水土保持法律法规，为依法加强水土保持工作提供了强有力的法律保障，国家生态建设投入的不断增加，为水土保持提供了强大的物质基础，水土保持产权制度的改革，调动了群众治理水土流失、开发"四荒"资源、改善生活和生产条件的积极性，为水土保持提供了坚实的群众基础和多元化的投入渠道；再次，水土保持与区域经济发展相结合，生态效益、经济效益与社会效益相结合，为水土保持注入了良性循环的活力，工程措施、植物措施与农业耕作措施相结合，坡面治理与沟道治理相结合，人工治理与生态修复相结合，提高了水土保持的综合效益。

10.4.4 山川秀美会有时——黄土高原地区水土保持面临的前景展望

我们有理由相信，随着我国综合国力的不断增强，青海、宁夏、甘肃、内蒙古、陕西、山西和河南等黄土高原地区省（区）国民经济与社会的快速发展，全社会水土保持与生态保护意识的不断提高，以及区域工业、能源等相关行业对农业和水土流失预防治理支持力度的加强，经过几代人甚至几十代人的不懈努力，黄土高原地区水土流失必将得到有效的控制，黄土高原地区水土保持必将为建设山川秀美的西北地区、减少入黄泥沙、改善生态环境、促进区域国民经济与社会的可持续发展、完善国家生态安全体系建设作出更大的贡献。

参 考 文 献

[1] 李国英. 维持黄河健康生命[M]. 郑州：黄河水利出版社，2005.

[2] 黄河水利委员会黄河中游治理局. 黄河志卷八·黄河水土保持志[M]. 郑州：河南人民出版社，1993.

[3] 孟庆枚，等. 黄土高原水土保持[M]. 郑州：黄河水利出版社，1996.

[4] 王礼先，等. 水土保持学[M]. 北京：中国林业出版社，2006.

[5] 水利部国际合作与科技司. 水利技术标准汇编·水土保持卷[M]. 北京：中国水利水电出版社，2002.

[6] 唐克丽，等. 中国水土保持[M]. 北京：科学出版社，2004.

[7] 徐建华，等. 黄河中游粗泥沙集中来源区界定研究[M]. 郑州：黄河水利出版社，2006.

[8] 黄河上中游管理局. 亮点工程——淤地坝[M]. 北京：中国计划出版社，2005.

[9] 黄河水利委员会水利科学研究院. 黄河志卷五·黄河科学研究志[M]. 郑州：河南人民出版社，1998.

[10] 赵文林，等. 黄河泥沙[M]. 郑州：黄河水利出版社，1996.

[11] 陈先德，等. 黄河水文[M]. 郑州：黄河水利出版社，1996.

[12] 席家治，等. 黄河水资源[M]. 郑州：黄河水利出版社，1996.

[13] 唐克丽，等. 黄河流域的侵蚀与径流泥沙变化[M]. 北京：中国科学技术出版社，1993.

[14] 张天曾. 黄土高原论纲[M]. 北京：中国环境科学出版社，1993.

[15] 农业部农业机械化管理司，北京农业工程大学. 旱地农业工程的理论与实践[M]. 北京：北京农业大学出版社，1995.

[16] 黄土高原水土保持世界银行贷款项目办公室. 世纪丰碑[M]. 北京：中国计划出版社，2004.

[17] 英国赠款小流域治理管理项目执行办公室. 参与式小流域管理与可持续发展[M]. 北京：中国计划出版社，2008.

[18] 黄河水利委员会黄河志总编室. 黄河志卷二·黄河流域综述[M]. 郑州：河南人民出版社，1998.

[19] 黄河上中游管理局. 淤地坝规划[M]. 北京：中国计划出版社，2004.

[20] 黄河上中游管理局. 淤地坝设计[M]. 北京：中国计划出版社，2004.

[21] 黄河上中游管理局. 淤地坝施工[M]. 北京：中国计划出版社，2004.

[22] 黄河上中游管理局. 淤地坝监理[M]. 北京：中国计划出版社，2004.

[23] 黄河上中游管理局. 淤地坝概论[M]. 北京：中国计划出版社，2005.

[24] 黄河上中游管理局. 淤地坝管理[M]. 北京：中国计划出版社，2005.

[25] 黄河上中游管理局. 淤地坝监测[M]. 北京：中国计划出版社，2005.

[26] 黄河上中游管理局. 淤地坝试验研究[M]. 北京：中国计划出版社，2005.

[27] 英国赠款小流域治理管理项目执行办公室. 黄土高原小流域水土保持监测评价[M]. 北京：中国计划出版社，2005.

[28] 英国赠款小流域治理管理项目执行办公室. 小流域综合评价方法和模型研究[M]. 北京：中国计划出版社，2005.

[29] 何兴照，刘则荣，喻权刚，等. 黄土高原小流域水土保持监测评价[M]. 北京：中国计划出版社，2008.

[30] 李智广，等. 水土保持监测指标体系[M]. 北京：中国水利水电出版社，2006.

[31] 李智广. 水土流失测验与调查[M]. 北京：中国水利水电出版社，2005.

[32] 何兴照，赵光耀，梁剑辉，等. 小流域水土保持监测评价技术手册[M]. 北京：中国计划出版社，2008.

[33] 何兴照，喻权刚. 黄土高原小流域坝系水土保持监测技术探讨[J]. 中国水土保持，2006 (10).

[34] 何兴照，喻权刚，梁剑辉. 黄河流域水土保持监测评价能力建设[J]. 中国水土保持科学，2008.

[35] 喻权刚. 新技术在开发建设项目水土保持监测中的应用[J]. 水土保持研究，2008（3）.

[36] 喻权刚，王富贵. 黄河水土保持监测站点标准化建设研究[J]. 水土保持通报，2009（3）.

[37] 黄河流域及西北片水旱灾害编委会. 黄河流域水旱灾害[M]. 郑州：黄河水利出版社，1996.